U0612316

知道了这些，你的薪水将由你自己决定！高薪不再是梦想！

决定你薪水的28个关键

JUEDING NI XINSHUI DE 28 GE GUANJIAN

周文敏◎编著

你在为低人一等的薪水而发愁吗？
你还在为怎么增加薪水而苦恼吗？
翻开本书，**让本书为你指点迷津**，让你在职场生涯中拿到高薪！

北京工业大学出版社

图书在版编目(CIP)数据

决定你薪水的28个关键 / 周文敏编著.—北京：北京工业大学出版社，2012.3

ISBN 978-7-5639-2995-5

Ⅰ.①决… Ⅱ.①周… Ⅲ.①成功心理—通俗读物 Ⅳ.①B848.4-49

中国版本图书馆CIP数据核字（2012）第015962号

决定你薪水的28个关键

编　　著：周文敏
责任编辑：黄维维
封面设计：翼之扬设计
出版发行：北京工业大学出版社
（北京市朝阳区平乐园100号　100124）
010-67391722（传真）　bgdcbs@sina.com
出 版 人：郝　勇
经销单位：全国各地新华书店
承印单位：九洲财鑫印刷有限公司
开　　本：787 mm×1092 mm　1/16
印　　张：16
字　　数：236千字
版　　次：2012年3月第1版
印　　次：2012年3月第1次印刷
标准书号：ISBN 978-7-5639-2995-5
定　　价：28.00元

前　言

曾经在一本书上看到过这样一个故事：

有一个年轻人就职于企业单位。同事多是托关系、走后门进来的，也就不太认真，每天只是插科打诨。而他，知道自己入职不容易，每天都努力做好。后来，又先后组织了全国性的展览、交流会，创办公司网站等，在企业宣传方面终于可以独当一面。面对工作的进步，他很欣慰，但薪水的不理想令他苦恼，前思后想后他决定向老板提出加薪要求。老板在听到他的要求后，虽然很肯定他的工作和成绩，却告诉他本单位工资由上级统一决定不能随意改动。思量一番后，他向老板辞职打算自己单干。老板痛惜流失一个好员工，先后往上级部门跑了好几次，终于得到上级批准，让他如愿以偿实现了加薪。而这个年轻人也知恩图报，工作越来越有声色。

如果只是一个可有可无的职员，哪个领导会跑到上级主管部门去饶舌？如果他和别人一样只是每天混日子，或许老板刚一听到“加薪”二字就把他善意辞退了。

任何一名员工都希望自己能够在公司里有高的薪酬，希望公司能给自己加薪。但是对于一家公司而言，加薪并不是随随便便就能承诺给员工的。加薪对于员工而言是一种荣誉，对于公司而言是给其他的员工树立的一个工作榜样。

因此，如果你是一个希望自己能够在公司拿到优厚薪资的人，那么，你就要知道决定你的薪水的关键是什么！只有知道了什么决定着你的薪

水的涨动，那么，你才好向着这么一个突破点努力进取。

如果我们没有方向的指引，就只能像一只没头苍蝇一样，四处碰壁，造成我们在走向成功的道路上绕了很多没有必要绕的弯路。而如果我们有一个方向指引的话，我们就能够有的放矢地努力，节约更多的精力和时间。

加薪不是一件随便的事情，公司要给一名员工加薪，那么一定是这名员工对公司作出了很大的贡献。那么，哪些方面是决定你加薪与否的关键要素呢？

一个喜欢跳槽的员工必然得不到上级和公司的信任，得不到公司信任的人必然无法得到公司的垂青，加薪当然也就免谈了；一个对工作随便应付，马虎了事的员工必然在工作上无法做出成绩，公司也不可能给这样的人加薪；一个对工作一点责任心都没有的人必然也是无法得到加薪机会的。

那么怎样的人才够资格得到一份丰厚的薪水呢？《决定你薪水的28个关键》将会解答你心中的疑问。这本书不仅将会帮你能够在薪资上得到丰厚的回报，也将会指引你一步一步地成长为一个公司中无可代替的优秀的职员，并将协助你走向事业成功的巅峰。

本书的内容重点并不是要让我们去要求外界给自己提供一个良好的环境，而是通过自身的要求和提高不断地将自己改变成为一个卓越的人才。因为外界是无法让我们事事如意的，也不可能按照我们的要求而存在，所以能让我们变得更为强大的只有我们自己，改变自己才能够改变我们的人生。

目　录

关键十七　不要只会说，行动才能成功

关键十八　不掩饰错误，勇敢承认才能再进步

关键十九　要在工作上多动脑筋

关键二十　不浪费每一分钟，提高工作效率

关键二十一　小事不小，小事决定你的未来

关键二十二　忧公司所忧，为公司排忧解难

关键一　热爱自己的工作，不随便跳槽

工作，是我们每一个人衣食住行的来源，也是我们展现自身价值和能力的平台。热情能够让我们身体迸发出无穷的能量与潜力，它是我们动力的源泉。跳槽，并不是一个随便的决定。跳槽就意味着重新开始，也意味着你对现在这份工作的热情的中断，也意味着之前在公司拼命打下的所有的基础和努力付之东流。所以，坚持自己眼前的这份工作，热爱它，为它拼搏，才是我们应当做的。

热爱工作才能取得成功

热情对于一个优秀的员工来说就如同生命一样重要。

如果你失去了热情，那么你永远也不可能在职场中立足和成长。凭借热情，我们可以释放出潜在的巨大能量；凭借热情，我们可以把枯燥乏味的工作变得生动有趣；凭借热情，我们可以感染周围的同事，让他们理解你、支持你，拥有良好的人际关系；凭借热情，我们更可以获得老板的提拔和重用，赢得珍贵的成长和发展的机会。

里约·杰克逊出身贫寒。他的学历程度只有高中，而这样的学历想要在美国这个竞争如此激烈且人才济济的国家出人头地是很难实现的。

里约找过许多的工作，也从事过多种行业，但都是怀着一种得过且过的心态来应付工作的。然而，由于家人的年岁逐渐地增大，里约的压

力也逐渐地加大了。

有一天，里约的父亲把里约叫到了跟前说："孩子，你不能再这么下去了。要是这样过下去的话，你的一生都会毁掉的。你要找一份你喜欢的工作来做，这样你才能工作得长久，才能对自己的未来有所帮助。"

里约道："爸爸，之前我做的那些工作都没有什么发展前途，我总不能把我的一生都浪费在毫无发展前途的工作上吧。"

"谁说那些工作没有发展前途。你从来就没有去好好地认识你的工作，你当然感觉不到前途的所在。如果总是觉得不努力就能够一步登天，那什么工作都无法成就你。"

"那您说我现在应该怎么办呢？"

"你现在应该找一份正规、稳定的工作，然后把自己应该做的手里的工作做好。在工作中不断地寻找和弥补自身的不足，并且从中发现它的乐趣，让自己慢慢地爱上它。这样，你就能够最后找到你的前途了。"

在同父亲谈完话后，里约采纳了父亲的建议，去了一家小物流公司做了一个货运处的物流调配人员。由于公司较小，而且老板生性比较闲散，所以，很多的管理工作也就交给了里约来做。

随着对工作状态慢慢地进入，里约对工作越来越有热情，对管理的兴趣也越来越高。随着不断地学习和自己刻苦地钻研，里约对公司整个管理的运作越来越得心应手。

里约的管理能力在老板的心里也得到了认可。所以，老板在看到了里约的管理成绩后，毅然决定把里约提升到了管理的职位，负责整个物流公司的管理工作。

人与人之间的相互影响十分微妙。就拿销售来说吧，它是信息的传递和情绪的转移。假如销售员对产品、公司、老板以及自己充满高度的热忱，那么，在他的巨大的信心和热忱的感染下，顾客就可能会采取相应的投资购买行为。同样，老板的工作热忱也将感染以致带动下属，这就是群体效应。

想成为一名优秀的员工，首先对待工作就要有热情。如果对自己的工作和所从事的事业充满热情的人少之又少，看看我们的生活到底是怎样的吧：早上醒来一想到上班就闷闷不乐，磨磨蹭蹭到达公司后，无精打采地开始工作，好不容易熬到下班，立刻兴高采烈。

工作是一个人个人价值的体现，应该是一种幸福的差事。可是为什么人们却把它当做苦役呢？绝大多数的人都会回答是工作本身太枯燥了。然而实际上问题往往不是出在工作上，而是出在我们自己身上。如果你本身不能热情地对待自己的工作的话，那么即使让你做你喜欢的工作，一个月后你依然觉得它乏味至极。我们大多数人都有这样的经历。有人曾说过："我们不能把工作看做为了五斗米折腰的事情，我们必须从工作中获得更多的意义才行。"我们得从工作当中找到乐趣、尊严、成就感以及和谐的人际关系，这是我们作为一个人所必须承担的责任。

当我们在职场中遇到挫折或失败的时候，我们总喜欢从外界找借口为自己开脱，比如说竞争太激烈、大幅度裁员等，而很少会仔细地审视一下我们自己。我们总认为无精打采地上班，磨磨蹭蹭去工作，并不是什么大事情，实际上这正是让老板下定决心辞退你的原因。

曾经有人说过：生命的价值就在于职业。的确，我们在被赐予生命的同时，也被赐予了与之相应的义务和职责。我们的生命就如同火柴一般，善用火柴的人，能够唤起熊熊烈火；不善此道的人，会造成资源的浪费，有的甚至燃不起一丝火星。在职业中我们需要激发"火柴"的潜力，将它变为熊熊烈火。

可以说，人最根本的生存价值是由他在其职业生涯中所取得的成就体现出来的。从思想家孔子和孟子、发明家爱迪生、哲学家亚里士多德，到企业家比尔·盖茨、杰克·韦尔奇、李嘉诚等，他们都是用自己在职业上的艰辛，换来了事业上的辉煌，进而实现了人生的价值。换句话说，他们正是因为自身职业生涯的成功，为社会创造了财富、提供了福利，才得以流芳百世。从个人的角度来看，一个人到暮年之时，令他感到宽慰的，除了他的子孙之外，应该算他在职业生涯中所取得的成就了。也许还会因为看到子孙在他们的事业上取得了或多或少的成绩而感到欣慰。热情能帮助你保持清醒的头脑和兴奋的状态，它会排除一切干扰既定目标实现的因素，它是战胜困难的最强大的力量。所有人，尤其是你的老板，会欣赏那些对于工作满腔热情的人，欣赏那些在工作中奋斗、拼搏并将其视为人生的快乐和荣耀的人。

其实，在工作中获得的最大的奖励，并非简单地来自财富和物质的积累，而是由热情带来的精神上的满足感。当你饶有兴趣地工作，并努力使老板或客户满意时，你的努力所带来的利益是不可估量的。你对于工作的热情自然会赢得老板、客户等各类有影响力的人的青睐，从而为自己的成功打下扎实的基础，成功也只是一个时间问题，迟早的事。

当我们热爱自己的工作，调动自我的热情的时候，我们便能很容易地将工作做好，并且能够享受到由工作带来的乐趣。有人说过："只有对工作毫无热情的人才会到处碰壁。"有人则说："对任何事都充满热情的人，做任何事都会成功。"

当然，这不能一概而论，譬如一个对音乐毫无才气的人，不论他怎样热爱音乐，怎样热情和努力，也许都不可能变成音乐界的名家。但是具有必需的才气，有可能实现的目标，并且具有极大热情的人，做任何事都会有所收获，不论物质上或精神上都是一样。即使需要高度技术性的专业工作也是如此。爱德华·亚皮尔顿是一位伟大的物理学家，曾协助发明了雷达和无线电报，也获得了诺贝尔奖。《时代》杂志引用过他一句具有启发性的话："我认为，一个人想在科学研究上有所成就，热情的态度远比专门知识来得重要。"

如果在科学的研究上热情都那么重要，那么对普通的员工来说，热情岂不是占有更重要的地位吗？

卓越员工认为热爱工作，对工作充满热情是任何一位卓越员工应该具备的一个非常重要的品质。牛顿曾经说过："无知识的热心，犹如在黑暗中远征。"同样，光有知识或者能力，而没有工作热情，也不能取得工作的进步，只会原地不动。

说到这里，在中国一直流传着一个故事。

两个农夫的土地只隔了一条水渠，每天两个人日出而作，日落而息。农夫甲总是垂头丧气感叹命运的不公；农夫乙则总是精神饱满，唱着曲来，哼着歌去。

一日正午，太阳火辣辣地烤着大地，二人放下锄头各自来到水渠边的大树下席地而坐。

农夫乙看着那片绿油油的庄稼，兴奋地说："看来今年的收成不会差！"

农夫甲看着农夫乙兴高采烈的样子，十分不理解，他说：“有什么可高兴的？每天过着土里刨食的日子，还要看老天爷的脸色！受苦受累换得粗茶淡饭，还能高兴得起来？”

农夫乙说：“我们每天沐浴在大自然之中，耕作于属于自己的土地上，看着地里的庄稼一天天茁壮成长，丰收的希望就在我们眼前。累了，可以在大树下乘凉；渴了，喝一点山泉水；饿了，老婆、孩子会送饭来！不愁吃，不愁喝，自由自在！负担一天比一天轻，收成一年比一年好！有什么不开心的呢？”

农夫甲看了看农夫乙，没有再说话，拿过旁边的饭盒低头吃起了饭，越吃越没有胃口。

看着农夫甲不说话了，农夫乙也端起老婆送来的饭菜，津津有味地吃了起来。

就这样，两个农夫依然每天隔渠而望，各自干着自己的农活儿。甲依旧垂头丧气，乙依旧精神饱满。

转眼到了秋天，农夫乙的庄稼又是好收成，农夫甲的收成则只有农夫乙的六成。

一天，农夫乙正在家里翻阅农业科技资料，农夫甲走了进来。他说他不想在村里种地了，准备到城里打工，问农夫乙愿不愿意租种他的土地。农夫乙劝了农夫甲半天，希望他好好考虑一下。农夫甲说他已经考虑好了，而且在城里包工的一个亲戚也愿意带他。农夫乙看看劝不住农夫甲，就答应租种他的土地。

自从租种了农夫甲的土地，农夫乙更辛苦了，不过他依然每天精神饱满。后来实在忙不过来了，就雇了几个帮工，然后又租种了一些土地。

几年过后，农夫乙成了远近闻名的种粮大户，不仅盖了新楼房，儿子也考上了大学。农夫乙依然和所雇的帮工们一起下田劳动，依旧是唱着歌去，哼着曲归。

农夫甲呢？他在亲戚的包工队里干活儿，因为没有任何特长，只能干一些苦力活儿。长期的重体力劳动、营养不良加上总是唉声叹气抱怨命运的不公，很快就衰老了。连他自己都不知道等到自己体力消耗殆尽的时候该靠什么生活。

可见，有了热情，才能有足够的毅力去实现自己的梦想。

但有时候不是每个人都能一如既往地保持原有的工作热情。生活与工作的矛盾无处不在，如何处理好两者之间的关系，使之平衡，是关键，同样也是工作中应该秉持的原则。

所以，作为职场中人，关键是能够调整工作态度，当处于心理疲倦期的时候，要能够想办法调动原有的热情。

有个人谈了自己的工作经历以及感受。他说："本人已经工作了近4年，其间从事的工作很多，做过职员也做过领导。在现在的这个工作岗位上已经两年了，随着公司的发展而对我工作部门的不断调整，我本部门的人事变动几乎每天都有，周围的同事也是升职的少、离开的多了，逐渐地只剩下我们这些处于生子管子阶段的人了，但工作热情也随之一天一天减少，到了现在我发现我已经没有了最初刚毕业时热情的三分之一了，而且自己对工作的态度也在改变，越来越找不到也摆不正自己的位置了。"

但值得庆幸的是，他能够意识到自己热情的减少，同时有信心和想法去改变眼前的处境。他在找自身原因的同时，还向周围的朋友求教。

最后，他为自己找到了解决问题的办法。

(1) 确定一个明确目标。

(2) 清楚地写下自己的目标、达到目标的计划，以及为了达到目标愿意做的付出。

(3) 用强烈欲望作为达成目标的后盾，使欲望变得狂热，让它成为脑子中最重要的一件事。

(4) 立即执行自己的计划。

(5) 正确而且坚定地照着计划去做。

(6) 如果遭遇失败，应再仔细地研究一下计划，别光只因为失败就变更计划。

(7) 与所求助的人结成智囊团。

(8) 断绝使自己失去愉悦心情以及对自己采取对立态度者的关系，务必使自己保持乐观。

(9) 切勿在过完一天之后才发现一无所获。应将热忱培养成一种习惯，而习惯需要不断补给。

(10) 抱持着无论多么遥远，必将达到既定目标的态度推销自己，自我暗示是培养热忱的有力力量。

(11)随时保持积极心态。

他的办法，未必是包治百病的良药，但对于其他人来说，也不妨一试。

也就是说，一个人干好一项工作的前提是对这项工作本身充满热情，任何人如果对工作本身没有热情，时时把工作作为一种负担，是永远都不会有所成就的。因而，作为企业领导者的一项重要工作内容就是充分激发员工对工作的热情，从根本上提高他们的工作积极性与主动性，创造条件使员工的主观能动性得到充分发挥。如果能够做到这一点，你会发现不仅企业的业绩会显著提高，而且管理难度也会大大降低。

但事实是，不少人工作了一段时间之后，突然发现自己成了一个机器人，每天重复着单调的动作，处理着枯燥的事物，每天想的不是怎样提高工作效率，提升自己的业绩，而是盼望着能早点下班，期望着领导不要把困难的工作分配给自己。这样的人，人生的目标只是想过一天算一天，他们不断地抱怨环境、抱怨同事、抱怨工作，在工作中不思进取，在生活中不求上进，不由得陷入一个职业的困境中。要想摆脱这种职业困境，唯一的办法就是唤起自己的工作热情。带着热忱和信心去工作，全力以赴，不找任何借口。

如果你没有工作热情，感受不到工作的快乐，那不是工作的错。当工作是一种乐趣时，生活就是一种享受；当工作只是一种义务时，生活则是一种苦役。即使真正面临工作热情减少的处境，也应该想办法去调整，去应付，只有如此，才能让自己快速走出低谷，重新找回工作信心。

"缺乏热诚，难以成大事。"热诚并非与生俱来，而是后天的特质。

松下公司的创办人松下幸之助常常对处在各个岗位上的负责人这样说过：在每一个部门，都有种类繁多的工作。那么多的工作，即使你是部长，但是你并不是神仙，不可能什么都会做。甚至有时候，就某一个工作而言，你的部下比你这个部长可能更有才能；或者是在别的什么方面，员工们比你更了不起，更出色。所以，你作为负责人、领导者，其实并非每个方面或在专业技术上都是给予别人指导的，都是专于此道的。

然而，由于你身处在领导的职位上，你还必须领导部下，必须管理整个部门的运行。在这种情况下，什么是最重要的？那就是对你所在部门的经营要比谁都更有热情，不能亚于任何人，而这一点你绝对不能输给你任何一个部下。知识、才能不及别人是可以的，因为优秀的人才很多，一山更比一山高，山外有山，人外有人。某些方面不及其他同事或者下属是常有的事，但是，做好几项工作的热情你应该是最高的。这样大家就会行动起来。如果不具备这一点，那么你的这个行为就没有达到你这个职位所需要达到的目标，简而言之就是，你这个领导不合格。

不论你是作为位居他人之上的领导者，还是处于被领导地位的员工，在松下幸之助看来如果你想要取得成功，那么其中一个重要的助你获得成功的元素就是对工作的热情。当然，身处职场这个高手云集的地方，如果一切都优于他人的话，不用说这是无可挑剔的。既有知识，又有本领，还有才能，且人格又好的人这当然是最理想的，但是实际上这种一切都很出众的人大概还不会有。大多数的人都像之前所描述的那样，学问、知识，可能都平平无奇，并没多少让人一下就能为之一震，眼前一亮的才华，那么你对你的事业上的热情就一定不能亚于任何人，能够对每一份到你手里的工作都竭尽自己所能，将你的热情毫无保留地倾注于其中，那样你才能在这个公司一直处于优势的地位，并且才能积蓄能量向前迈进，成就自己事业上的成功。松下幸之助认为，如果要独立经营一家商店、一家公司，或者想要在一家公司里找到自己未来的道路、前途，那么你自己就一定要具备无比的热情，这一点是重要的。

正因为松下幸之助有这种热情，他的社员们也受到了他的感染，也产生“他像父亲那样热心于公司，我们又有什么理由不好好干”的情绪。然而，在一家公司里，即使领导都有才能有智慧、员工们又都是社会挑选出来的精英，都极具才华。但是在经营商店、公司时，老板没有积极性，员工也丝毫没有对工作的热情，那么整间公司、企业的人们恐怕就很难产生想要为公司使劲干的动力，而最后这家公司的结局也就不难想象了，员工们能否有锦绣前程也不难猜测了。这样一来，难得的智慧和才华也就完全等于零了。在其他方面哪怕什么也不具备，但是对于工作的热情必须要保持。如若这样，即使自己的才能平平，也会得到大家的帮助，有力量的出力量，有才华的出才华，各自都会给予配合。

另外，松下幸之助还用他自身的经历告诉我们，如果当时处在企业运营困难期的时候，他忘掉了这份热情，丢失了这种热情，那么他的员工当时很有可能就会各自离去，即使不离去，他想员工们为公司、为工作耐心地提供自己的聪明才智的情绪也会渐渐地淡下来，如果那种情况真的发生了的话，那么也就不再会有今天的松下幸之助，也不会再有今天的松下公司了。

因此，我们可以看出，在企业中它所需要的一名优秀的员工就是热爱工作。如果一个人连自己的工作都不热爱的话，那他就很难把工作做好。优秀员工信奉的工作准则就是像对待恋人一样热爱工作，只有这样的员工才能取得事业的成功。

随便跳槽是浮躁的表现

优秀的有远见的员工一般都是不会轻易地更换自己的工作的。在他们的认识里，十分介意频繁地更换工作。因为频繁更换工作表现出的是内心中的一种浮躁，而这种情绪对于任何一个希望从工作中取得进步，获得成就的人而言都是一个致命的弱点。不仅如此，频繁地换工作在他们看来也是一种极端不负责任的表现。这山望着那山高，总认为好的更适合自己的工作会是下一份，这是很多人的一个误区，也是很多人没能在事业上取得成功的一个重要的原因。

小时候我们都听过下面这样一个寓言故事。

有一只小猴子在回家的路上路过一片西瓜地。它看见西瓜地里的西瓜又大又圆，于是就兴高采烈地走进瓜地打开了一个西瓜，一尝，西瓜十分甜，于是它就想要把地里的西瓜带一个回去。小猴子说干就干，它从瓜地里拣了一个大的抱在胸前继续向前赶路。

小猴子没走多一会儿，它又看到了一片玉米地。玉米地里的玉米金灿灿的，一看就知道已经成熟。小猴子上前一细看，玉米粒颗颗饱满还

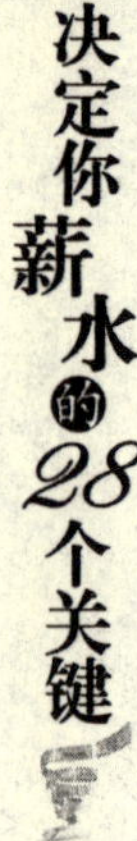

不断地散发着甜甜的玉米香味。于是，小猴子丝毫不假思索地把西瓜放在了地上，走进了玉米地开始开心地掰玉米。小猴子掰玉米掰到手里再也拿不住的时候，才放弃了继续掰玉米的念头，心满意足地离开了。

又没走多久，小猴子看到一片种植着芝麻的庄稼地。小猴子一开心，一下子就忘记了手里的玉米，把玉米一扔，一头就扎进了种植芝麻的庄稼地里，然后就像之前那样开始采芝麻。当采集了满满一怀的芝麻后，小猴子才离开芝麻地。

小猴子走啊走，在快到家的时候，它一低头发现，本来满满一怀的芝麻现在已经所剩无几了。小猴子发现芝麻都从自己的手中、还有胳膊间的缝隙漏了出去，等到家的时候将会剩得更少了。想到这里小猴子非常后悔，要是早知如此，当时就不该为了贪图未得到的美好而放弃已经拿到手的果实了。

在今天，21世纪这个机会与诱惑都无比繁多的时代，每个人都梦想着能够在这个到处都是机遇的新时代为自己的人生创造一段辉煌岁月。由于就业种类和机会过于繁多，而令人不免挑花了眼睛，也让正在从事着某些职业的人变得异常浮躁，认为世界这么大，机会如此多，如果都不试试，难免觉得可惜，或者害怕自己错过了一些能够让自己功成名就的机会。

正是由于很多人都抱有这样的想法，对自己手上的工作总是觉得不满意，或者说是不满足，不甘于做这样“下等”的工作，认为还有更好的机会等着自己。这些人往往多是对自己的估计过高，把“自我挑战”、“自我超越”这样一种优秀的品质变得盲目性十足，大家不论自己现在的状况怎样，不管不顾地一定要换工作、跳槽，而且很多还是跨着行业地跳槽，这样不计一切后果，或者说思考不成熟的跳槽行为只能是不断地浪费自己宝贵的时间和资源，还有自己辛辛苦苦积累的各种经验、技能和人脉。

回想上一代人，他们面对的机遇不如我们今天的多，他们基本上都是一份工作就干一辈子，没有任何的跳槽、转业的想法，只是踏踏实实在自己的工作岗位上挥洒自己的青春与热情，并从中感受和发挥自身的价值。虽说今天看来，他们很多人称不上我们所讲的大富大贵，但是，他们每一个人都让自己和自己的家人过上了小康生活，衣食无忧。

或许有的人会觉得这样的人过于平凡，瞧不起他们那种一辈子都守着一个锅的那种生活状态。但是，我们也不难发现，我们所讲的成功人士，他们也不像我们今天所看到的那些频繁跳槽的人那样，跳槽的频率如此之高，如此之频繁。因为他们的跳槽是具有目的性，有打算的，而不是盲目跟风的。他们是在明确知道自己这一步应该这么走的时候，才作出跳槽的决定的，而不是毫无目的，仅仅只是对下一个工作有着某种不切实际的期待而作出的决定。

日本人有这样的一句谚语：“同时追两兔将一兔不得。”意思已经很明显了，那就是不能总是想着更多的东西，而应该把注意力都集中在一点上，这样才能守得住自己的目标，最终才能取得胜利。

记得在《阿甘正传》里，阿甘的智商低于平常人，但是，他每一次都能做出比平常人更好的成绩，让大众、让美国总统都对他赞赏有加。这是为什么？其实我们都知道，因为他在做一件事情的时候，他的心里只想着要把这件事情做好，他不会去想是否他做另外一件事情会让他更加容易获得成功。他从来不挑手上的工作，阿甘会做的就是不断地把手上的技艺练习纯熟，不断地提高自己对眼前工作的熟悉程度。正是因为他的一心一意，只想着在自己需要做到、做好的事情上，所以才能取得别人无法赶超的成果。阿甘所从事的每一项工作都不是让人无比羡慕的工作，但是他的每一个成就都是无不让人赞赏的。

当然，在这里并不是要去指责那些频频跳槽的人。这里提出这一点，只是希望大家能够认识到工作不分贵贱，三百六十行，行行出状元。下一份工作对于现在从事这份工作的你而言充满了诱惑，让你充满了激情，那是因为它对你而言是一份新鲜的工作，你对它充满了好奇。但是，一旦当你从事一段时间以后，紧接着而来的又是无尽的重复。那时的你也同样会感受到枯燥、乏味、毫无意义可言。

一个能够成功的人，通常都是耐得住，承受得了寂寞、孤独、单调、和压力。他们在他们的工作中正是因为经过了身心的彻底洗礼，所以才能顶得起成功的光环。也正是因为他们具备这样的品质，所以成功才敢降临到他们的身上。

一份简历上，在工作经历那一栏里如果出现过多的条目，其实对于一个求职者而言是一项灾难。任何一家好一点的用人公司在看到这一点的时候，对这个应聘者的评分都会不自主地降下来。这是为什么呢？

一般公司都非常看重员工的“忠诚度”，中国传统文化中往往是疑人不用，用人不疑，对于“贰臣”历来是心存芥蒂，即使聘用你，也会对你有疑心。这样一来就令你很难有出头机会。相对这些“潜规则”，一些硬性制度的用意可谓“昭然若揭”，例如很多公司规定，为了防止员工流动过于频繁，有很多的收入和福利要等工作一定年限后，才能让员工拿到。如果你要提前离开公司，很多此类预期收入就会因此泡了汤……

是金子在哪里都会发光的，只要你安心在岗位上踏实工作，干出成绩，领导可能没说出来，但是通常心里记着，说不定单位领导已经在考虑提拔你，而你突然提出要辞职，岂不是前功尽弃？另外，一个频频跳槽的人很有可能会降低自己的“职场资信等级”。和一个企业的资信等级一样，职场人才市场上有人的“资信等级”的说法，它的含义之一是现任职级是资信等级的比较大的正面因素，过去两年内跳槽次数则是资信等级的比较小的负面因素。打个比方，假如你从产品主任跳到销售经理，大正加小负，你的资信等级提高；但是如果你跳来跳去没有提升，加上去的尽是负数，资信等级就一定下降。

据一项调查表明：跳槽后75%有挫折感；对于从前的跳槽经历，有超过半数的人感到不满意；另外12%的跳槽者在新公司未能通过试用期。有一位曾经多次跳槽的人发出了这样的感叹：除了品味自己把握命运的感觉外，有时也会后悔自己太冲动，到现在也没在哪家企业真正站住脚，只怪自己太浮躁。

有些人为什么跳槽受挫？原因有很多种，但是大多数人都存在单纯以薪资为导向或是以热门行业为导向的盲目性，或者是不适应新公司的发展而导致失败。另外，还有一些人跳槽时只是认准了一个热门行业，却忽视了自己的兴趣和专业背景，结果也往往会导致失败，最终将得不偿失。这些问题充分地反映出一些人在跳槽时的盲目性。

人生有限，应该珍惜生命，善待生命。人的一生中，实际工作时间只有30年左右，在这段时期内，谁都希望干成几件事。职业选择为的是寻找一个最适合自己的岗位，从而发挥自我价值，有所作为，所以职业选择一定要慎重、认真，本着对自我发展负责的态度，不高估、也不低看自己，确定自我努力方向、领域、待遇要求，一旦确定后就要认真干一段，争取早点干出成效来，以作为个人能力的证明。同时要有清醒的头脑，知道自己的能力，对自己不胜任、引不起兴趣的岗位，即使待遇再诱人、再好也别去。

如果我们自己在没有给自己的下一份工作一个清醒的定位，一个完整的规划的时候，我们不要轻易地跳槽。因为，那样的跳槽也只是在单一地重复着“开始”的这个片段。而且，长此下去，结果在哪里也扎不下根，终将毁掉自己的前程。过去我们提倡专一的敬业精神，今天重提依然有积极的意义。

关键二 全力以赴，从工作中感受幸福

一名员工，他的薪水取决于他对工作的用心程度。一名员工对工作的用心程度先要看他能不能潜得下心来对待他的工作。在他能够潜心工作的前提下再看他能否在工作中都严格地要求自己。当他能做到最好，就不能允许自己做到次好；能以100分的成绩完成的工作绝对不会以99分来结束它。不论这一分的差距他会付出多少夜晚的加班加点他都会全力以赴、倾其所有地去完成。而正是在这种全力以赴中，他也会感受到自己的存在感，增强自己的价值感，也享受到一种被需要的幸福。

潜心工作，让自己全力以赴

在实际的工作中，有这样一种情况：大部分青年人好像不知道薪水的高低是建立在忠实履行日常工作职责的基础上的。他们更难明白只有全力以赴、尽职尽责地做好目前所做的工作，才能使自己渐渐地获得价值的提升。相反，他们却在寻找自我发展机会时，常常发出这样怨天尤人的感慨："做这种平凡乏味的工作，有什么希望呢？""薪水不是永远也只能是这么多吗？"但是，他们却从没意识到就是在极其平凡的职业中、极其"低微"的岗位上，往往蕴藏着巨大的加薪的机会。只要他把自己的工作做得比别人更完美、更迅速、更正确、更专注，调动自己全部的智慧，全力以赴，就能将工作做得更好，从而引起别人的注意，获取一展自我才能的机会，去满足心中的愿望。

克拉拉是福特的妻子。一天，克拉拉正在弹风琴，而福特却来了“灵感”：“克拉拉，快递给我一张纸！”福特突然一声吼叫，吓了克拉拉一跳。她先是一愣，然后随手将一张乐谱递到他手里，福特二话没说，拿过乐谱就在背面画了起来，不一会，上面出现了一个引擎的草图。

克拉拉离开风琴，来到他的案头，只见上面画的是用旧车床整速轮、齿轮改造成的气管，管中加了活塞……

“克拉拉！这就是我的汽车构造。”一个新的汽车时代，就从这张小小的乐谱上开始了。

当然，汽车时代的到来，并非由亨利·福特一人之手掀开，而是许多一代英才共同奋斗的结晶，然而亨利·福特却是群星闪烁之中最明亮的一颗。

引擎设计图的灵感，导致了福特再次离家出走：“克拉拉，你知道，要想制成汽车，没有电气方面的知识是不成的，而我，却懂得很有限。”

克拉拉起先还愣愣地听他讲，越听越觉得不对劲儿：“怎么，你想离开这儿？”

“底特律爱迪生照明公司有一份工作。”

“底特律距离迪尔本并不远，你可以通勤吗？”

“不行，时间就是生命，一点也浪费不得，我要搬到底特律去住。”他的话说得十分坚决，说明他早就成竹在胸。

“我相信，你会以我的事业为重的。不是吗？克拉拉！”福特知道克拉拉有些舍不得这里。

克拉拉望着丈夫那坚毅的面容，她那儿女情长之心，立即被丈夫追求事业的勃勃雄心所溶化了：“我相信你开发内燃机会获得成功，我支持你。”

很多人对福特的这种为了工作离开自己的妻子的行为十分不能理解。但是也正是因为福特的这种为了工作全力以赴的劲头才使得他拥有了今天的福特公司，成了现在汽车行业的先驱之一。

薪水的支付是因为你为工作付出了心血，放弃了生活中的其他方面，如果你在生活中什么都不愿意放弃，那就不能为工作做到全力以赴，那

么你又让公司以什么为基准来给你发放薪水呢？

其实，我们能否对工作做到全力以赴这完全取决于我们对待工作的态度，使你与其他人区别开来，它或者使你更加勤快，或者使你变得越发的懒惰。

然而，任何一件事对于一名工作者的人生来说都是极具意义的。做一位泥瓦匠，你也许会从砖块和泥浆中发现诗意，从而在工作中全力以赴，将它与你内心里的诗意融为一体；做一名图书管理员，你可以从浩瀚的书海中感受到智慧的召唤，因此，你全力以赴从工作中一次又一次地完成心灵的朝圣；做一名教师，或许在筋疲力尽之余会觉得厌倦，但是，只要你走进教室见到学生，你又会毫无保留、全力以赴地将自己所有的知识都传授给学生。

这是为什么？这是因为当你潜心于你的工作的时候，你能从你的工作中发现它的魅力，它不断地吸引着你，它让你的灵魂和精神得到一种毫无阻碍的沟通，一种纯洁的交流。不为金钱，不为荣誉，不为外部世界的世俗所牵绊，只是将自己的灵魂与工作融合在了一起，一种忘情的投入，使出浑身解数，全力以赴只为了向工作毫无保留地表达自己的“心意”。

不要用他人的眼光来看待你的工作，也不要用世俗的标准来衡量你的工作，如果这样做的话，只会让你觉得工作单调、无聊、一无是处，自己根本就无法潜下心来工作。而如果我们在工作期间能够放下心中的杂念，这就如同我们在外面观察一个大教堂的窗户，上面也许布满了灰尘，十分灰暗，没有光亮，但是，如果我们推门走进教堂，将会看到另外一幅色彩绚丽、线条清晰的景象，在阳光之下熠熠生辉。

这揭示了一条真理：从外部看待问题是有局限的，只有从内部观察才能看透事物的本质。有的工作从表面上看索然无味，可是当你身临其境，努力去做时，你会发现趣味盎然。所以，不管你从事什么样的工作，都要从工作本身去理解你的工作，把工作看成你人生的权利与荣耀。别看扁你所从事的工作，不要带着消极的想法去工作，我们对待我们的工作就应该静下心来发掘它的美好与魅力，让自己放下心中的杂念全力以赴地为工作付出，创造成绩。

很多人认为，潜心工作并不是不可能，但是全力以赴似乎要求就过高，过于严苛了，他们认为凡事尽力了就行，中国有句话叫“尽人事，听天命”，但是古人的“尽人事”真的就是你所说的尽力吗？

有这样的两个故事就能告诉我们尽力与全力以赴的区别。

在美国西雅图的一所著名教堂里，有一位德高望重的牧师，他的名字叫戴尔·泰勒。有一天，他向教会学校一个班的学生讲了这样一个故事：

有一天，猎人带着猎狗去打猎。猎人一枪击中了一只兔子的后腿，受伤的兔子拼命地逃生，猎狗在后面穷追不舍，追了一阵子，兔子跑得越来越远了。最终，猎狗认为追不上了，于是悻悻地回到了猎人的身边。

猎人看到这种情景当然非常生气。他教训猎狗说：“你真是没用，连一只受伤的兔子都追不上。”

猎狗很不服气，反驳道：“我已经尽力了啊。”

这边，兔子带着枪伤成功地逃到了自己的家中，兄弟们都围着它，对它能够死里逃生感到相当惊讶。兔子解释原因说：“猎狗是尽力而为，我是全力以赴，竭尽全力啊！它没追上我顶多挨一顿责骂，而我如果被追上就没命了呀！”

当然，到了这里故事还将继续，这是第二个故事的开始——泰勒牧师讲完故事后，给了这个班所有同学一个艰巨的任务：背出《圣经·马太福音》中第五章到第七章的全部内容。只要谁能做到这一点，牧师便会邀请他去西雅图一家叫做“太空针”的高塔餐厅参加免费的聚餐会。

这的确是一个艰巨的任务，想想看，《圣经·马太福音》中第五章到第七章的内容全部算下来大概有好几千字，更糟糕的是，这些内容并不是朗朗上口的。这样艰巨的任务使得很多学生都放弃了，尽管他们也希望能够把全文都背诵下来，但大多浅尝辄止。

但是有一个男孩做到了。就在泰勒说出这个承诺后没几天，这个小男孩站在了泰勒的面前，他从头到尾把《圣经·马太福音》中第五章到第七章的内容全部背了出来。客观的事实是，他背得一字不差，到最后甚至有点像一次声情并茂的朗诵。

现在，即使是泰勒牧师也不得不惊讶了。实际上，泰勒牧师比谁都

清楚背诵这么多内容的难度，即使是有决心的成年人，也未必能够做到这一点，但出现在面前的却是个小男孩。泰勒牧师最终不得不为这个小男孩所创造出的奇迹大为赞叹，末了他仍然忘不了问一句：“你为什么能背下这么长的文字呢？”

男孩不假思索地回答：“我倾尽全力。”16年后，这个男孩成了世界著名软件公司的老板，他的大名就是——比尔·盖茨。

这两个故事也许并没有什么高深之处，但是却道出自然界生存的基本法则。无论我们处在何时何地，且不论同他人竞争的情况，即便就是对待自己的工作尽力和全力以赴的差距就能够有如此之大，它们的积累最后导致的就是两个极端的分化——失败与成功。

早在许多年前，某心理学家就曾这样写道：“与我们应有的表现相比，我们实在只发挥了一半的潜能。”的确，我们都没有全力以赴。那些研究人类潜能的科学家估计，人类有90%的能力从未动用。有的专家甚至说，人类潜藏未用的才能高达95%。

可惜的是在企业里随处可见这样的人：他们的目标只是想过一天算一天，他们不断地抱怨自己的环境，就像是一块浮木，在人生之海上随波逐流，能找到什么样的职位就做什么样的工作，而且做事情能省力就省力。他们最高兴的是午餐时间、发薪日以及下班的时候。他们混过一天，回到家，一边喝啤酒一边看电视。难道这就是一切吗？如果你不甘于现状，想得到更好的发展，在工作中就应该严格要求自己，全力以赴地投入到工作中，能做到最好，就不能允许自己只做到次好；能完成100%，就不能只完成99%。不论你的工资是高还是低，你都应该保持这种良好的工作作风，把自己看成是一名杰出的艺术家，而不是一个平庸的工匠，并且永远带着热情和信心去工作。要知道，得过且过的人在任何一个组织都很难成为一名卓越的员工。

当我们怀着得过且过，当一天和尚撞一天钟的想法在公司里“混日子”的时候，每每看到别人凭心力赚了大钱时却是又羡慕又嫉妒，这正是我们的缺点所在：只要我们不自甘平庸，我们也能够成功。话虽这样说，但一般人却不愿自己的缺点被揭穿。他们往往没有认识到：没有人天生就是赢家，虽然知道财富、成功和幸福的获得是长久努力的结果，却存一种侥幸的心理，充满幻想地等待成功敲门。让我们抛弃那些不切实际的幻想，清醒地认识到：在人生的道路上，获胜的人个个都勤奋工作，而且通常费时甚久才达到目标。我们之所以每天去工作，只因为我们要用我们的能力去应付难题，或与别人一较高低。倾其全力，等于锻炼了自己的意志、头脑和体力。在我们全力以赴地完成任务后或处理困难局面的过程中，我们的心智亦趋成熟，可以担当更艰巨的任务或更重大的责任了。正是因为如此，我们不论做什么工作，担任什么职位，都要全力以赴。

生命有无限的可能性，不要认为你尽力了就是可能性的终点。想想看，几千年来，人们坚信不疑地认为要让一个人在 4 分钟内跑完 1 英里（1 英里=1.609344 公里）的路程是不可能的。自古希腊始，人们就一直在试图达到这个目标。传说中，古希腊人让狮子在奔跑者后面追逐，人们尝试着喝真正的老虎奶，但这些办法都没有成功。

于是，人们坚信在 4 分钟内跑完 1 英里是生理上办不到的，人类的骨骼结构不符合要求，肺活量不能达到所需强度。在这种情况下，如果还有人认为自己能够在 4 分钟内跑完 1 英里的话，人们肯定会把他当成一个疯子。可是，现实生活中就有这样的一个疯子存在。

更为有意思的是，在他打破这一极限之后，奇迹便出现了，一年之内竟然有 300 位运动员达到这一极限。我们怎么解释这一现象呢？可以看到，训练技术并没有多大突破，而人体的骨骼也不会在短期内有很大改善以利于奔跑，所改变的只是人们对待自己目标的态度，他是否有想要全力以赴！

全力以赴能够让我们的工作质量发生质的变化，让我们的生活也发生质的飞跃。当你改变了自身的认识，认为应当也必须要全力以赴地为工作付出的时候，这个时候你才具备了谈论薪水的权利。

全力以赴工作并不仅仅是只有公司收获到了你的积极性的成果，你自己也从你的全力以赴中获益良多。你的全力以赴不断地发掘了自身并没有意识到的某些潜力，你拓展了自己的能力的宽度，也增加了自己经验和效率。在你完成了工作得到公司的肯定时，精神上的满足远比金钱上的要来得重要且意义深远得多。

在我们面对自己工作的时候，不要将薪水时时拿出来衡量你所做的工作，而应该想着自己在每一件事情上，每一个小点上是否都已经倾尽自己所能，将它做到了极致。当你怀着这种思想在工作的时候，你觉得公司还能够在薪水方面亏待你吗？

全力以赴让我们自身变得更加的卓越，为了自己的将来，我们何不对工作全力以赴呢？

让工作成为一种享受

一个拥有能够享受工作这种乐观态度的人，永远都是一块人体磁铁，在人生工作的过程中，磨砺或坎坷、打击或失败，都将被吸纳成为你进步或者走向成功的一个组成部分，进而演绎着你事业的基础法则之一——工作的真正价值因发自于你内心的引力而存在，而不是由外在物质来证明。

无论你渴求的工作经历是什么样的，只有在你内心最深处有感觉，能够将其看做是一个享受，真正享受这个过程的时候，你才能以一种高效、高能的状态完成工作并奋勇前进，在这样的状态下，你的梦想才会实现，你才能感觉到你的生命富有意义。当你渴望的结果和你的目标实现时，你才会明白，学会让你的工作成为你人生的一种享受的时候，才能让你真切地体会到人生的价值所在。

乔治亚是美国得克萨斯州南部一座城市里某个品牌的推销员。乔治亚做推销的品牌产品是属于一个全新的品牌，在业内和国内的知名度并不怎么高，这也让乔治亚的推销工作产生了一定的难度。

乔治亚在推销的过程中经常遭到不友好的白眼，或者被有的顾客刁钻的问题问得哑口无言。但是乔治亚并没有在面对这些难题的时候辞掉这份工作。在上班的时候，乔治亚把能够回答顾客的问题认认真真地为顾客们解答，当碰到回答不了的问题的时候，乔治亚就把问题收集起来，记录在了本上。等乔治亚回到了家中再查询解答，或者找其他的同事或者上级或者咨询公司的生产部门等，慢慢地将一个一个问题都解答出来。

当有时候无法得到别人帮助、解答的时候，乔治亚会亲自试用产品，然后将试用的心得写下来，慢慢，乔治亚对产品的了解越来越多，给顾客的介绍不再仅仅是公司给的产品介绍单上那又单调、又不具体的简单的几句话了。他对顾客们的解释详细、到位又中肯。因此，乔治亚的销售业绩越来越好，没有多久竟然成了产品的州销售冠军。

当公司请乔治亚为其他销售人员讲授自己的销售心得和销售技巧的时候，乔治亚真诚地说："其实，今天我能够站在这里，你们也能够站在这里。我的销售心得是有，技巧没有。我的销售心得就是把你们的工作当做是一种销售，是一种探索。每一个人对未知的东西都有一种好奇心，别人不知道的，你也不知道的问题就能够激发我的好奇心。当每一个问题通过各种手段得到解答的时候，我的好奇心得到了满足，我享受了整个猎奇的过程，享受了探索的乐趣。当我为满足我的好奇心，享受探索而不断地努力寻求而获得答案以后，成果或者说成就也就在那里等着你了。"

试着想想，其实我们不难发现，乔治亚所说的话对极了。当我们对未知的东西充满好奇，希望能够一探究竟的时候，我们必定会使出全身的力气去慢慢挖掘它的神秘之处，希望能够揭开它的神秘面纱，在我们为我们整个探索付出努力的过程中，其实所有的辛苦、所有的劳累对于做这项工作的人都是一个无比享受的过程。

同样的，对于我们的工作也是一个道理。我们将我们需要完成的工作可以看做是一项需要开发的"金矿"或者"宝藏"，当有人告诉你了这项宝藏的时候，那么我们就要全力以赴地去探索通往这座"宝藏"或者"金矿"的道路。在这个探索的过程中，我们只有一个大概的指引，这个指引只能为我们指明大概的方向，而不能告诉我们前路到底有哪些艰险。探索者必须经历整个过程中"九九八十一难"才能到达最后的目的地。在探索者看来，"宝藏"、"金矿"是他们前行的动力和目标，但是整个探索的过程却让他们的内心得到了无比的满足，他们挑战了自己的极限，发掘了自己的潜能，看见了沿途各种各样光怪陆离的事情和景色。到最后，获得"宝藏"的那一刻，没有人会说他们整个过程中所经历的一切

不如“宝藏”来得可贵，也可能，在很多人的眼中，最后的“宝藏”没有整个探索的过程来得更让人满足与兴奋。“宝藏”最后只能成为他们完成了这一项探索后的一个纪念、一个见证，一个必然的结果。

享受工作的这个过程，对我们的心灵、我们的精神是一种满足、安慰，也是一种刺激。如果我们仅仅只是单一地将工作看做是工作，是一项日复一日，年复一年，周而复始单调乏味的重复，如果你持有了对工作如此消极、悲观的想法，那么你从工作中得到的将是无尽的折磨。并且，无论你换多少份工作，这样的折磨你都无法摆脱。

如果一个人能以享受工作的态度，再配之以火热的激情，充分地结合、发挥自己的特长来工作，那他做什么都不会觉得辛苦。如果一个人鄙视、厌恶自己的工作，那他一定会一事无成。真挚、乐观的精神和不屈不挠的毅力才是引导人们走向成功的磁石。无论你做的是什么样的工作，都可以将其看成是一个探秘的过程去努力发掘、完成。这样，你才能从平庸的状态中解脱出来，劳碌辛苦、单调乏味将离你而去。

一个成功的人，懂得把工作当做是一种享受，一件快乐的事，无论在他的内心中把工作看做是探秘也好，看做是游戏攻关也罢。他懂得如何将这个工作加入趣味性，让整个工作做起来更加快乐，有激情，并且乐此不疲地不断希望还能够有下一项任务在那里等着他。

不管你的处境多么糟糕，你千万不能因此而厌恶你的工作。如果因为环境所迫，你不得不做些乏味的工作，你也要设法使工作变得趣味盎然。以积极的态度去工作，你将得到意想不到的结果。你的工作积极性越高，决心越大，你的工作效率也就越高。当你充满乐趣地工作时，工作就会成为一种享受。想象一下，如果你把每天 8 小时的工作看做是在玩游戏，这该是一件多么惬意的事啊!

如果你觉得工作压力越来越大，工作对你而言只有紧张，毫无快乐可言时，那就说明你有些地方不对劲了。要想从根本上解决这个问题，你必须从心理上调整自己，否则，你只能钻进死胡同。

美国哈佛大学曾经作过一个有趣的心理调查，调查人员给一位调查对象打电话，提出一个最简单的问题：“请问您现在在做什么?”“我在上班。”“请问您上班的感觉如何?”“枯燥乏味，毫无乐趣。”“那么您觉得干什么更有趣?”“下班以后，我可以和同事一起去酒吧，那里最有趣也最快活。”过了两个小时，调查员又打电话给他：“请问您现在在做什么?”“我和同事在酒吧喝酒。”“怎么样，现在感觉好多了吧?”“好什么啊！虽然喝了很多酒，还是没劲。大家谈论的都是些无聊的话题，我想还是去找女朋友好些。”过了一个小时，调查人员再次给那个人打电话：“您现在和女朋友在一起吗？感觉怎么样?”“别提了，简直令人无法忍受。一位女同事打电话来问一件工作上的事，她竟然怀疑我有外遇，不依不饶地盘问我，真是烦死人了。我现在就想回家休息。”到了午夜，调查员又把电话打到那个人的家里。他拿起电话没等调查员问话就烦躁地说：“你不用问了，没意思极了。电视几十个台竟然没有喜欢的节目，杂志全看完了，光碟也看了个遍，真不知道干点儿什么好。仔细想想，还是上班的时候最开心，和同事们一起工作的时候最有趣。明天开始要努力工作，并且尽情享受工作中的快乐。”人之初，并不是为了工作而来到这个世界。但为了在这个现实的世界过上美好的生活，我们必须坚持不懈地工作。许多人都把工作看做是苦差事，尤其是干自己不喜欢的工作，更近乎是一种折磨。然而，你想过没有，一旦没有任何事情可做的时候，你不仅不能感受到愉悦，反而会感到更加痛苦。有位作家曾说：“幸福有三个不可或缺的因素：一是有希望，二是有事做，三是有人爱。”有事做不是造成不幸的因素，而是使我们幸福的一个不可或缺的要素。当一个人全身心地沉浸在自己所热爱的工作之中时，就会感到前所未有的兴奋与满足，这就是一种幸福。牛顿、爱因斯坦、居里夫人，这些伟大的科学家，他们投入工作的时候就体会到创造的乐趣，这是一种莫大的享受。无论从事哪种工作，都能找到兴趣和满足。

无论当初你在选择这份工作的时候是否出现了偏差，或者现在你所从事的并非是自己感兴趣的工作，也应当在乏味的工作中寻找乐趣。因为凡是应当做而又必须做的工作，总不可能是完全无意义的。当你对工作抱积极的态度时，你自然会发现它的意义所在，自然会乐在其中。

许多老板一直在努力寻找能够胜任相应工作的人，这种工作并不需要对方拥有出众的技能，而是需要尽职尽责、积极主动、朝气蓬勃的作风和品质。

一个人可以没有令人羡慕的禀赋，但只要踏踏实实，他便不是无可救药的——只有将自己的工作看做苦役的人才是真正没有希望的。享受工作，才是成功的开始。

关键三　我们的薪水来自于勤劳

每一个人在小的时候都听父母、老师讲过，幸福要靠我们辛勤的劳动来创造。我们自己也常说："早起的鸟儿有虫吃。"勤奋刻苦是我们每一个人立身之本，是我们能够在这个社会上生存的根基。当你懂得勤劳的好处，那么就等于是获得了通往成功最快的捷径。当你询问成功者们他们的成功秘诀是什么的时候，他们的回答往往只有一个，那就是："比别人都要勤奋。"像蜜蜂采花蜜一般勤劳地工作，相信我们的未来将会被我们的双手打造得更加幸福美好。

 勤奋是生存的根本

有一个众所周知的老农夫的故事。

有一个老农夫自知命不久矣，他躺在床上，在临终弥留之际他把自己的3个懒惰儿子叫到自己身边，告诉他们一个重要的秘密。"我的孩子，"他说，"在我留给你们的种植园下面埋藏了许多金银财宝。"老人气喘吁吁地说。"它们藏在哪里？"儿子们迫不及待地问道。"我会告诉你们的，"老人说，"你们应当从地下把它挖出来——"正当他要说出那至关重要的秘密之时，他的呼吸突然停止了，老人由此一命呜呼。懒惰的儿子求金心切，立马在父亲留给他们的种植园里大肆挖掘起来。他们抡着镢头和铁铲，挥汗如雨地把种植园的土地翻了一遍，连那些杂草丛

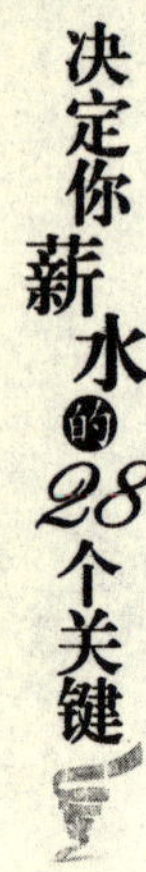

生、荒芜了很久的地也被翻整了一遍。他们认真仔细地把土块弄碎，以免金子漏掉。最终，他们还是没有找到金子。但这时他们突然翻然醒悟父亲那话的真实意图了。从此，他们学会了工作，把种植园的土地全播了种，最后获得了巨大的丰收，谷仓堆得满满的。此时，他们才发现“埋藏”在种植园里的财宝——他们那明智的老父亲给他们的建议！

在公司里，你若想迅速升职，只要去做一件人家没有做或不愿做的急切需要人做的工作。这样，你就很容易超越那些资格比你老、年资比你深的员工。若你做事刻苦，处处替老板着想，那时你的老板会对你十分满意，觉得确有提高你薪金和职位的必要。

任何一个老板都喜欢勤奋可靠的员工。他们无时不在探察谁是最可靠的，谁是不可靠的。他对于员工是否偷懒，是否完成工作，都了解得非常清楚。任何偷闲误事的员工早晚会被他发现的。

一般来说，老板对于员工的品格也知道得很详细，知道谁是专门在寻找偷懒机会的，哪个人的工作是只在他面前才起劲，等他走开之后就丢开不做的。最让老板信任的员工，是无论有没有偷懒的机会或老板在不在他的面前，总是认真地工作。

勤奋工作吧，对你的工作尽责，不去管别人的看法如何。勤奋工作是追求者的乐趣。

勤奋是力量的源泉，是捕捉机遇的基础，是通向理想的金桥，是攀登高峰的云梯，是每一个优秀者的必备品质，是铸就坚忍性格的最好方法。

投机取巧只能令你日益堕落，只有勤奋踏实、尽心尽力地工作才能给你带来真正的幸福和快乐，才能助你成功。

生活中有很多的实例生动地证明了这样一个道理：无论事情大小，如果总是试图投机取巧，可能表面上看来会节约一些时间和精力，但事实往往是浪费更多的时间、精力和财富。

一旦养成投机取巧的习惯，一个人的品格就会大打折扣。做事不能善始善终、尽心尽力的人，其心灵亦缺乏相同的特质。他意志无法坚定，因此无法实现自己的任何追求。一面贪图享乐，一面又想修道，自以为可以左右逢源的人，不但享乐与修道两头落空，还会后悔不已。

从某种意义上说，在一个方向上一丝不苟，比草率分心、在多个方向发展可取。因为做事一丝不苟能够迅速培养品格、获得智慧，加速进步与成长；尤其是它能带领人往好的方向前进，鼓舞人不断追求进步。

勤奋是每一个成功者必备的品质。通往事业成功的道路也有很多种，但如果想走得更稳健也少不了一个“勤”字。正如鲁迅先生所说：“伟大的事业同辛勤的劳动是成正比的，有一分劳动就有一分收获，日积月累，从少到多，奇迹就会出现。”

中国有句古谚“天道酬勤”，从字面意思理解是说连老天爷都会帮助勤奋的人。的确，古今中外，凡是事业有成的人，无不是靠着“勤奋”这块敲门砖，叩开了成功的大门。

在工作中，许多人都会有很好的想法，但只有那些在艰苦探索的过程中付出辛勤劳动的人，才有可能取得令人瞩目的成果。同样，公司的正常运转需要每一位员工付出努力，勤奋刻苦在这个时候显得尤其重要，而你的勤奋的态度会为你的前程铺平道路。

命运掌握在勤勤恳恳工作的人手上，所谓的成功正是这些人的智慧和勤劳的结果。即使你的智力比别人稍微差一些，你的实干也会在日积月累中弥补这个劣势。

实干并且坚持下去是对勤奋刻苦的最好注解。要做一个好的员工，你就要像那些石匠一样，他们一次次地挥舞铁锤，试图把石头劈开。也许 100 次的努力和辛勤地捶打都不会有什么明显的结果，但最后的一击石头终会裂开的。成功的那一刻，正是你前面不停地刻苦积累达成的结果。

勤奋工作，你的一生将会有一个不变的重心，你生命的航船才不会在惊涛骇浪中倾覆。当你为自己的理想奋斗时，你才能感悟生活的真谛，你将不再感觉茫然无助，你将变得刚毅、坚定，你人生的每一天都变得精彩。

如今，我们身处于一个竞争激烈的时代，在一个四周都环绕着劲敌的公司，勤奋是相当宝贵的一种品质——你的勤奋对于工作而言，对于老板们来说是一个不可多得的宝贵的财富，是财富的生产“机油”。更重要的是勤奋对于我们每一个要在社会上求得一席生存之地的人而言，它对于我们的迅速成长有着巨大的推动作用。

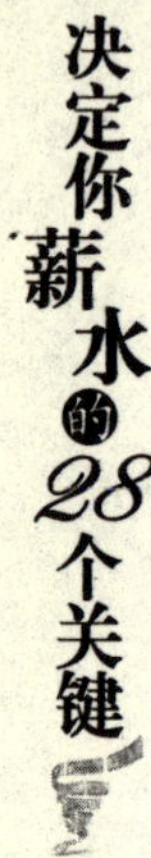

对于一名职业人来说，具备了勤奋，就等于拥有了巨大的人格力量，会得到更多的认可和赏识。

而我国历史上的曾国藩就是这么一个勤奋的人，在他的心目中一直秉持着要以勤奋回报他的君王的想法。

同治八年（1869年），曾国藩进京面见同治皇帝和慈禧太后，提出整饬吏治。当时直隶虽是京畿重地，但吏治腐败却已到了无以复加的地步。官员自私自利，讼案堆积如山，老百姓的怨声沸腾。曾国藩一上任，就拿整顿吏治开刀。吴桥知县王恩照、曲阳知县万方泰、武强知县王庶曾、迁官知县周培锦、冀州知州宋炳文、保安州知州李作棠、怀安知县谷洪德，这些人性情疏懒，不理讼狱，曾国藩一律奏请革职，大刀阔斧地进行整饬，吏治民风为之一振。

咸丰十年（1860年）七月十二日，他写信给弟弟说："以一个'勤'字报答皇上，以'爱民'二字报答父母。自己才能见识都平常，决难立功，但守一个勤字，终日劳苦，以减少圣上日夜操心的忧虑，行军本来是骚扰百姓的事，但时刻存一种爱民的心，不让祖先积累的德泽从我一人手中消耗殆尽，这是兄长自己的决心，不知两位弟弟以为对不？愿弟弟也有这种想法。"

曾国藩对于"勤"字功夫，列出了三要点。

"一是身勤：险远之路，身往验之；艰苦之境，身亲尝之。"是说要亲身历事，要做"调查研究"，要勇于实践，不能只是纸上功夫。他举例说：比如做官，就要亲自查验案件，亲自巡查乡里；如带兵，就要亲自巡查营寨，和士兵一起攻城陷阵，同甘共苦。当官的不去下面调查，满足于下面的报告；做幕僚的不去亲身考核，满足于引用别人的资料。这都是不踏实的。

"二是手勤：易弃之物，随手收拾；易忘之事，随笔记载。"就是要求勤动笔，比如人的优缺点，事情的关键点，想到就随手记录下来，以免遗忘。曾国藩在这方面极为用心，他的日记就有若干种，有的用来反省自己一天的过错，有的用来记录读书的心得，有的用来品评人物……曾国藩从自我修身养性的功夫到识人办事的水准再到诗文方面的成就，无不得益于这些笔记。

“三是心勤：精诚所至，金石亦开；苦思所积，鬼神亦通。”是说对事情要用心揣摩、苦心剖析，力求获得透彻的理解。有实践经验的人都知道，对事物的认识是不断深入的，如果仅仅停留在事物的表面现象，而不进行深入地分析研究，那是无法真正认识事物本质的。为政者只看事物表面现象，是非常有害的。

曾国藩认为，当官的能够做到这“三勤”，功夫自然到家，即所谓“三者皆到，无不尽之职矣”。

“精诚所至，金石为开”，所有勤奋的人都能主宰自己的生活。工作中只要你不怕辛苦，勤奋肯干，任何的障碍都无法阻拦你获得高薪的结果。

然而，在很多人看来，勤奋的精神已不是现代社会所需要的，他们更推崇的是头脑灵活和机遇，认为只有这两种条件才是取得成功的真正途径。这种想法可以说是极度愚蠢的，现在的社会要的是实干家，一个只能空口说说的人，满嘴规划、计划、打算、想法的人是永远都无法在这个社会上生存下去的。他们的感觉就好比是想要“空手套白狼”，只有办法，不去实际去做，不积极地用行动去获取各种捕捉工具，不对一个又一个的办法亲自实践、亲自尝试，又怎么知道能不能够套得住那狡猾的“狼”呢？正是由于很多人都产生了这种错误的认识才最终造成了他们与成功者之间的种种差距，也让他们的薪水永远都只能停留在让人觉得“差强人意”的水平上。要知道，在工作中，勤奋是永远不会过时的，勤奋是我们在这个社会上能够得以生存的根本，它是我们成长、壮大的根基。

著名数学家华罗庚曾经说：“勤能补拙是良训，一分辛劳一分才。”一个勤奋的人，即使没有天资，照样可以有作为；虽有天资，但如果不注意后天的培养，不勤奋学习提升自己，最终也不会有所成就。

某大公司董事长在一次对青年们的演讲时说：“要成功，勤奋、认真是最基本的功夫。而且一定要在工作上花比别人更多的时间，尤其是在给别人打工时。只有这样做，你才能为自己争取到更多的成功机会。”

一位卓越的实业家在阐述自己的成功之道时，也特别提到自己的座右铭：“勤奋地工作，刻苦努力钻研，比黄金还要宝贵。”他告诉大家：

“我之所以有今天的成就，全在于这几十年中，在工作上遵从‘勤奋’二字所致。不急躁，持之以恒地勤奋下去，所以我成功了。”

勤奋是一种不能丢弃的美德，无论从事何种工作，身居何位，都要牢记勤奋这一传统美德，勤奋地做人，勤奋地做事，勤奋地学习和积累，勤奋是我们走向成功的一个重量级的筹码和资本。

像蜜蜂一样工作

当我们一谈论到蜜蜂的时候，我们首先想到的一个词就是“勤劳”。没错，在人们的心目中，蜜蜂就是勤劳的代名词。

如果我们能够向蜜蜂学习，勤劳地工作，那么我们所做的每一件事都将是未来我们走向成功的根基。

任何一个人所取得的成就都要靠着无数努力的积累，无数工作的锤炼。在老子看来，任何事物的出现总是有它自身生成、变化和发展的过程。大的事物总是从细小的东西发展而来的。为了说明这个观点，他用了几个比喻。那“合抱之木”、“九层之台”、“千里之行”都是些大的、远的东西，但没有一样不是从那“毫末”、“累土”、“足下”开始的。这就形象地说明大的东西没有一个不是从细小的东西发展而来的。老子的这一看法是很符合实际的，符合事物发展规律的。“大”与“小”是相对的，没有“小”，哪会有“大”呢？

正因为这样，我们就要注意积累。想一想，财富需要积累，知识需要积累，工作能力需要积累，工作经验也需要积累，公司对你的信任度也要通过你自己的勤劳工作的态度和表现还有成果的积累。每一个结果的出现都是靠着之前人们所作出的努力而最终形成的。

身为一名公司的员工，如果你对工作最基本的想要勤奋工作的想法都没有，你又怎么能够指望公司的领导者们从你的工作表现中表达对你工作的认可，肯定你对公司的认同和热爱程度，他们又通过什么基准来对你的工资进行调整呢？

查里·史瓦勃对待工作的态度就像是蜜蜂对待工作的态度一样，他的生命和生活也因为他像蜜蜂那样一般的勤劳而得到了巨大的改变。

在美国宾夕法尼亚的小山村里，有一名卑微的马车夫，后来成为美国著名企业家之一，他那惊人的魄力、独特的思想，被世人所佩服。他就是查里·史瓦勃先生。

当他在钢铁大王卡内基的工厂中打工时，自言自语地说："总有一天我要做到本厂的经理，一定要做出成绩来给卡内基看，让他自动来提升我。我从不计较薪水，只是拼命工作，我要使我工作的价值，远远大于我的薪水之上。"他打定了主意，抱着乐观的态度，愉快地发奋工作。那时，恐怕谁也料不到他会有后来的成就吧!

史瓦勃先生小时候的生活环境非常贫苦，而且他只受过短时间的学校教育。从15岁起就在宾夕法尼亚的一个小山村里赶马车了，过了2年，史瓦勃才谋得另外一个工作，拿着每个礼拜2元半的报酬。但是他常常留心寻找机会，果然，又来了一个机会，他应某工程师的招聘，去卡内基钢铁公司的一个工厂做工，月薪10元。做了没有多久，史瓦勃就升任为技师，接着又当上了总工程师。到了25岁时，他就升为那家房屋建筑公司的经理。

又过了5年，他兼任卡内基钢铁公司总经理。他39岁时，升为全美钢铁公司的总经理，后来他又当上贝兹里罕钢铁公司的总经理了。

再伟大的工程，需要从一砖一瓦干起，再伟大的著作，需要一词一句地琢磨。因此我们干事情就不能好高骛远，而应该踏踏实实地一步一个脚印地干起来，这样才可能成功。

很多企业的发展史也充分说明了这一点。现在有着雄厚的资本，有着豪华的办公楼，有着那知名品牌的大公司，想当年创业之初，哪会有如今气派？正是创业者一步一步的努力，一点一滴的积累，才使一个名不见经传的小摊、小店，发展成今日的闻名遐迩的大公司。由小到大，由不知名到闻名，这就是发展的规律。

所有能够取得卓越成果的人，他们从来不在乎自己比别人多工作了多少，他们不在乎工作量的大小，因为他们知道，只有不断地量的积累才能让他们产生质的改变。所以，他们勤勤恳恳地像蜜蜂一样，永远不

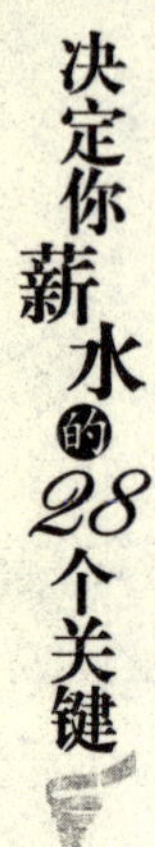

辞辛劳地为工作付出自己的一切，倾尽自己的所有。

一个有头脑，想要求取进步的人，他不会在乎自己的工作内容有多多，他们像蜜蜂一样不停地埋首于工作，他们心里十分清楚，他们工作得越多，那么他们自身的实力也将会越发的强大，他们的技艺也会越发的纯熟，他们的任务完成得也会更加的完美无瑕，公司的领导自然会发现他们的所在，会给予他们更为广阔的展示平台，让他们享受更为优厚的薪酬待遇。

如果你没有办法让自己像蜜蜂那样一般勤劳工作，你追求的是舒适的生活，懒散、懈怠会让你的前程尽毁，走到任何地方都没有办法找到自己事业上的出路。蜜蜂这些小小的昆虫如此的不起眼，它们既不吃叶子也不食肉，它们只是通过花粉来酿造自己的食物，如果它们不能辛勤地工作，如果它们抱有“我不想做”这样的工作态度，那么等待它们的就只能是死亡。这样的情况对于今天我们这些都市人又何尝不是这样呢？

任何一个生活在都市办公楼里的工作人员，“我不想做”——对于每一个工作人员就好似一个黑色诅咒一样。因为有这种想法，我们懒散下来。只要你心底里有这个声音，你的行动就会迟缓，而在竞争面前的成功是不能容忍迟缓的行动的。

“我不想做”的态度必能让你的上级感受到你思想情绪的变化，因为你整个工作的灵敏度改变了，而灵敏度的改变就能说明一切。一个高度文明的社会就是这样，你不想做，总有人会想做，想做的人能够轻易地被找到，他们能够轻易地替代你的位置。你对于公司而言并不是唯一、不可缺的。你不想像蜜蜂一般勤劳地工作，总有期盼得到这份工作的人，而这些人为了能够牢牢地把握住这份工作，他们必定使出浑身解数，无比卖命地工作，不给任何人能够把他挤走的机会。而这种卖命工作的人正是公司所需要的人，所以他们能够凭借着他们的勤劳在这家公司站稳脚跟，留下来。

小潘现在是一家建筑公司的执行副总裁，几年前，他作为一个送水工被招聘进入该公司，他并不像其他送水工那样，送完水后就躲在墙角抽烟。在给工地的工人倒水的同时，他总是请求工人们给他讲解关于建筑的各项工作，学到了不少知识。很快，小潘引起了建筑队队长的注意，被聘为工地的计时员。

在新的岗位上他依旧勤勤恳恳地工作。由于对工地的各项事务都较为熟悉，几周后，小潘又被建筑队队长提升为队长助理。

现在作为执行副总裁的他依然特别专注于工作，他希望大家提出各种好的建议，以便让所有客户满意。从普通的送水工到公司的执行副总裁，小潘靠的就是勤勤恳恳地工作。

科学家爱因斯坦被大家看做是一个天才，但是，爱因斯坦对天才却又有自己独到的理解。爱因斯坦认为：天才=百分之一的天分+百分之九十九的勤奋。换句话来说，天才的成因依靠的、起决定性因素的就是勤奋，是自身的努力成就了自己“不一般”。

任何领域的成功人士，他们的名声、荣誉和地位，都是长年辛勤工作换来的结果。那些伟大的诗人、演说家、政治家、历史学家，他们比其他人更优秀的最直接原因就是，他们比一般人更努力、更勤奋。

天才出自勤奋。当然，并不是说，如果缺乏天赋，或者没有一定的基础，仅仅靠勤奋本身就能够创造出天才。另一方面，这里强调的并不是具备天赋和很高能力的人才能取得成功，一个不怎么聪明的人，只要他认真锻炼自己的能力，掌握必要的技巧，付出艰辛的劳动，照样能够取得成功。

准确的判断和执著的精神比天赋显得更为重要。在这个世界上，那些靠天分取得的成绩，同样可以通过勤奋而获得；而仅靠勤劳取得的成就，单凭天分就很难得到。

一位智者说：“一个智商不是很高的人，只要踏踏实实，坚持不懈，也要比出尔反尔、浅尝辄止的天才人物更值得尊敬与赞扬。”对绝大多数人来说，勤能补拙。一分耕耘，一分收获。很多天资聪慧但尚欠勤奋的人，只靠想象就期待奇迹会出现，而不是付出劳动去争取，最终终其一生两手空空，一无所获。

懒于工作不想在工作上付出勤劳就想要获得薪酬的人必将被公司、被社会所抛弃。他们对勤奋和专注不以为然，讽刺别人的呆板、迂腐，却想得到显要的位置、轻松的工作和丰厚的报酬。他们鄙视辛劳的汗水，回避令人头疼的生活，更不想承担责任，这些“聪明者”实际上是最大

的“失败者”。

向蜜蜂学习，学习它们的勤劳，学习它们对待工作的全心全意，学习它们的忙碌，这样你才能成为被公司认可的员工，这样的你才对得起你的薪水，当你坚持不懈的付出的比你所得薪水远远多出许多的时候，那么，那时候或许你就有了获得公司为你提供更高薪资的资格了。

工作就是工作，我们不要因为公司给了我们多少的钱就做相应多少钱的工作，我们应该努力地不停地工作，因为，不停地勤劳工作也是一种财富的积累。财富不仅仅只是金钱，金钱只是我们创造财富的一种物质体现，而勤劳工作带给我们更多的财富是体现在我们的精神中和能力上的，关于这一点我们应该铭记于心。

关键四　老板不在，做得更要多

通常在公司里会出现这样的情况：当老板或者领导在的时候，每一个员工都像模像样地、手指飞快地在键盘上扫来扫去，表现得对工作很是勤快积极；但是当老板或者领导离开了以后，有的人就原形毕露了：懒懒散散地坐在座位上，不是托着下巴发呆，就是打开电脑网页的窗口浏览各种与工作无关的信息。如果你的工作中也曾出现过这一幕，那么，在此奉劝你，改掉这个习惯。你要在老板在与不在的时候表现一样，甚至在老板不在的时候表现得更加好，工作更要卖力，工作完成得更多更快。

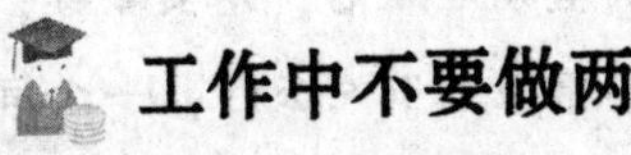

工作中不要做两面派

很多人在工作中都扮演着一个两面派的角色。老板在和不在的时候工作状态完全是两个极端。老板在公司，或者在部门的时候，每一个人都表现得神情紧张，手指头不停地敲击着键盘，让任何人看来这都是一个全心全意为公司工作的好员工。但是，当老板、领导一离开公司、部门的时候，所有人的神情都缓和了下来，开始偷懒起来：工作的姿势也不那么僵直了，伸懒腰的伸懒腰，打哈欠的打哈欠，喝水的喝水，打电话的打电话，浏览网页的浏览网页，这之前的所有紧张的气氛都消失得无影无踪。

据调查，现在相当一部分上班族在工作中都是两面派。他们对于工作缺少一种专一。他们喜欢在没有老板的时候，一边干活一边玩，当然，有老板或者领导在场的时候就会收敛很多。

现在很多的上班族到了公司以后的第一件事情就是打开电脑，登陆各种通信工具，浏览各个网页，阅读自己所关注的所有人的微博更新。有人统计得出，通常情况下，上班族们在工作时间开始后，浏览各种各样的网络资讯所花去的时间大概是半个小时到一个半小时，有的甚至更长。大家在浏览完了所有自己关注的事情以后再开始工作，其实早上人的精神和注意力最为重要的，但那个时候已经被这些东西浪费掉了。

以下是一家公司一天中部分时间的工作场景。

上午9：00，商务部小姜到了公司赶忙用鼠标“摇醒”电脑，查看昨晚的“战绩”。原来小姜昨天下班后就没有关电脑，她一直开着下载最新的一部韩剧，今早她发现已经下载完前面的12集，后面还有5集刚刚开始下载进程。而她又在资源站点开始寻找另一部电视剧的下载种子。

上午10：00，已经上班1小时的市场部小张颇为忙碌，先算了算自己今天的星座运程，再去各个明星的博客转了一圈，然后到自己最喜欢的论坛发了N个帖子，从上班路上的所见所闻到各明星博客里的新鲜事都贴了一遍。突然，小张接到老总催她开会的电话，原来小张还没有收取工作邮件，昨晚老总发出的会议通知，她还不知道。

下午13：30，采购部小韩坐在电脑前，眉头紧锁，若有所思，好像有什么事情让他拿不定主意。原来中午吃饭时，一个同事给他推荐了一个品牌的衬衫，这会儿他在网上找到了，但是犹豫不决到底买哪个颜色的。自从第一次网上购物后，他就体会到了网上购物的好处，之后他的任何日常用品都是通过网上购买的。

下午17：00，行政部小周的脑袋有节奏地晃动着，一根黑色的耳机线穿过她长长的头发，伪装得一点也不显眼。离下班还有1小时，小周飞快地敲击着键盘，屏幕上不时弹出QQ和MSN的聊天窗口，她正和几个网友组织今晚的泡吧行动。

利用一些软件大量下载电影等大文件时，将导致企业带宽资源不足，严重时会导致邮件不能收发、网页打开缓慢、视频会议时断时续、重要数据传播时丢包严重，这样的网络行为不仅影响个人的效率，还会影响其他员工的工作，甚至影响企业部分业务的正常运转。

查星座、看明星、泡论坛已经成为很多员工习惯的网络行为，是每天必做的“工作”，他们从中能够获得乐趣、释放好奇，但是却对工作效率有着极大的影响。

网上购物已经成为一种时尚，特别是一些工作繁忙的白领阶层，通过网上购物能够节省很多时间，但是上班族上网购物大多是在上班时间完成的。

QQ、MSN 等即时通信软件是网络交流的基本工具，也确实为企业节省了不少通信成本。但是在工作时间，也不乏员工利用这些软件进行谈感情、聊爱好、侃时事等大量私人交流，也许只是边聊边工作，但是对工作精力的分散和效率的影响都是显而易见的。

很多人在公司没有领导的时候就放下工作干别的事情，因为在他们的心里一直都存在着这样的一个认识，那就是：领导都不在这里，我何必工作得那么卖力，我工作卖力了他又看不到，他看不到的话我不都白干了吗？

我们知道，公司给予我们这份工作并付给我们这份工作后应得的相应的报酬，那么我们就应该在工作的时间里面全心全意，把自己的专注力全部都投入到工作中去。如果我们在工作的时间干着私人的事情或者什么都不干就在那儿玩的话，我们的薪水和我们的工作是不能达到一个平衡的。也就是说，公司支付了你这些钱，你却没有做到这些钱应该购买回来的结果，那么，你现在薪水中的一部分金额应该返还给公司才公平。

公司对员工有一定的宽容度是为了让员工工作起来更加舒心，从而能够更好地为公司服务。但如果我们将公司的宽容度进行滥用的话，那么公司有权利收回它的各种“宽容条款”，让你感觉在公司束手束脚，随时都有人在监视一般，坐在工作桌前都不敢有半点的放松。倘若你真的逼得让你的公司非得要对你使出如此的手段，我们相信，这样的人，无论走到哪里，都没法长干下去，因为，这样的人根本就不属于职场。

公司、企业不是部队，它不会要求它的员工只能这样做不能那样做，这个能干，那个不能干，它不会出现那些军事化的硬性条款。但是在任

何一家公司里都肯定有着同样的一个规定，那就是：在工作时间里认真工作。这是公司的基本要求，也是中心要求、重点要求。

有个年轻的木匠刚刚学成手艺准备进入建造房子这个行业。但是这个木匠生性有些懒惰，比较喜欢玩耍，对于木匠这样的工作他也只是想要糊口而已。

几经周折，年轻的木匠终于等到了自己的第一份工作。有一个有钱的老爷要给自己家的房子都重新翻修。老爷在看了年轻木匠的手艺以后，认为绝对虽然算不上顶尖、上乘，但也还算得上精细。由于有钱老爷家里几乎所有的梁柱还有所有家里的门楣和窗户的雕刻都要重新修葺一遍。因此这份工作完成后付给木匠的工钱颇为丰厚。

翻修的工作很快就着手进行了。但是毕竟是本性，小木匠虽然很感谢大老爷给的这份工作，可是由于自身本来就懒惰，慢慢地这一习性就在整个工作中渐渐地暴露了出来。

平时在大老爷家请来的监管人的监督下，小木匠不敢有所偷懒，所以小木匠也就变得手脚利索，很是勤快。但是，当监管人一离开的时候，小木匠就停下手里的工作，开始做自己的事情。或是睡觉，或是休息。如果只是休息一点都不做事的话，监工的人一回来就会发现的，所以为了不让监工的人发现自己的偷懒，小木匠就把工作的精细程度大打折扣，在一般看不到的地方就做得粗制滥造，明显能看得到的地方就做得精细一些。

工程就在小木匠的一会认真、一会偷懒的节奏里按期完成了。但是，房子没过多久，竟然房梁处有一块雕花框从梁上掉了下来。原来是因为小木匠偷懒，没有将木框镶紧所以导致了这一次的掉落。当大家看见掉落的框上的雕花做工十分粗糙就找来了其他的木匠师傅来给整个房子进行全面的检查，发现这种不合格的地方还有很多处。

这位老爷知道后觉得自己被小木匠骗了，十分生气，于是就将小木匠告到了县衙。结果县衙罚小木匠将所有得来的钱都赔给了那位老爷，还在公堂上挨了好多板子。

由于小木匠对待自己的工作当面背面两种态度，有人守着就好好工作，没人看着就偷工减料，后来再也没有人请过小木匠做木工活了。而小木匠再也没有办法在家乡生活下去了，他不得不打起包袱上其他地方另外寻求生活的出路。

作为一个拿工资的人，无论老板在或不在的时候，都要懂得约束自己的行为。不能他们在我们就好好工作，他们不在我们就懒惰，偷工减料，马虎过关。只有一个懂得约束自己不正当行为和想法的人才能称之为一个成熟的人，而那些连管理自己的能力都没有的人，他们跟小孩子又有什么不一样。

我们所做的每一件事情，虽然都是公司安排给我们的，我们是属于无条件接受的一方，但是，谁又能说我们完全没有从公司所交代的工作中成长呢？

一个人无论做什么事，都应该严于律己，尽自己最大的努力，这样才能求得不断的进步和发展。这不仅是在公司做事的原则，也是生活中的生存原则，也是做人的原则。事实上，任何事情都需要我们严格要求自己、尽职尽责才能做好。这样才能对得起公司支付给你的那一份薪水。

如果缺乏严于律己的意识，你的工作将会变得杂乱无章。你的所有安排都会被你一时的偷懒所耽误，你的成长也会被自己延迟。当别人快速成长成为一个优秀的人才的时候，你才攀登到了给优秀人才打工的程度，这样是很不划算的。这样的“两面派”行为的后果对公司是一种损失，对于我们的人生也是一种灾难。

然而，不管你在什么地方，只要你严格要求自己，人前人后都一样地专注于自己的工作，丝毫不偷懒，全身心投入工作，最后总会获得成功，取得经济上的回报以及能力上的飞跃。相信那些所有薪资不菲的人，他们都是那些能在任何时候都自始至终严格管理自己的人。

能够严格要求自己，人前人后都能对自己严格要求的人，这样的精神和意志对一个人的生活和工作有很大的益处。如果一个人在工作时经常放纵自己，只是为了上级心目中自己的形象而奋斗，而实际上却又是懒惰散漫的人，他怎么可能很好地完成工作任务，怎么可能得到上司和领导的认同和青睐？

做事里外不一的人，其心灵上亦缺乏相同的特质。他不会培养自己的品格，也不会拥有对工作认真负责的态度，他既达不到公司给他的目

标，完不成交代的任务，也完成不了自己为自己制定的目标。这种人一面敷衍了事，一面又想给自己在领导的心中留下积极美好的印象，但这是注定会失败的。

失败的结局可能是对那些做事敷衍，想要表现自己积极、优秀的人最大的讽刺了。我们在漫不经心地树立自己的工作形象，不是真正积极行动，而是“发自内心”地消极应付，凡事不肯对自己严格要求，不放过任何一个可以偷懒的机会，平时不努力，等我们惊讶自己的处境的时候，早已困在自己铺设的“泥沼”之中了。

可以这样说，“两面派”的行为是你一生注定将永远都是平庸的表现。它也会阻碍你薪水的增加和事业的成功。

你的努力老板看得见

你如果想获得更高的薪酬，第一步，需先得到老板的信任。任何老板，绝不会凭空提拔他所不信任的人。他所信任的员工，是无论在他面前或背后都一样努力工作，甚至在他背后做事会更加起劲的一些员工。那些升得很快的员工，总是替老板的利益着想，他们尽力替老板分担工作，竭力帮助老板实现他的计划。其实，没有一个老板不喜欢努力工作的人。

一本书里曾经写过老板最喜欢的员工的五种类型。

第一种：任劳任怨型

所有老板都希望他的员工具有任劳任怨的精神，不会在背后乱发牢骚，既勤劳又能吃苦，保持着对工作的热忱并且一丝不苟地对待工作。所以，如果分配给你的工作异常烦琐、异常艰巨，那你就加班熬夜赶工好了，反正要把它搞定。只是千万不要显得自己根本不知从何入手，茫然失措。因为，老板们喜欢勤劳的员工，但并不喜欢一窍不通的职员。他们要的是既任劳任怨又能够独当一面的人，他们希望实现部门或公司整体上的最大效益。所以，在一切要素中，能胜任是最重要的；当然，不辞劳苦的员工几乎都能得到所有老板的喜爱。

第二种：主动请命型

老板急匆匆地走进办公室，随手指着你的鼻子说：“你！马上帮我把这份资料打出来给我。”而你却理直气壮地提醒他说：“这个应该是××的工作啊！我的职责范围是……”这时老板大概会火冒三丈吧，很可能就此“冷冻”你。其实，无论是社会还是公司和以前相比都发生了很大变化，个人的职责范围已经不断扩大。身为员工，不应总是以“这不是我分内的事”为借口来偷懒，而要乐于承担各种压力与责任。所以，当你接到额外的任务时，不妨乐观地将它当做一种机遇。不仅如此，如果能够在老板委派工作时主动请命，或是不等老板吩咐就主动解决了一些小麻烦，那么，比起“自扫门前雪”、不愿多出一份力的人，以及像挤牙膏一样，老板说一句才动一下的人而言，显然更为称职。

第三种：勤勉忠心型

或许你觉得在人际关系已经发生大变革的21世纪来说，“忠心耿耿”未免老土，但实际上，老板总是情不自禁地提拔他认为对自己忠心的人。我们不妨以“信任”这个词来代替“忠心”这个词，但其实质是一样的。有时你会觉得奇怪，为什么不少老板宁愿留下那些经验不足但显得诚实可靠的人，却放弃了那些相当精明能干、有过多次跳槽经验的人。这就是这个原则在起作用了，对于员工而言，要使老板了解到你的忠心并非一日之功，但要注意一些细节，显得诚实可靠则是很容易做到的。工作勤勉而一丝不苟的人常被认为是可靠的，比如说，不妨每天早一点到公司，这样可以显示出你很重视这份工作。而有的老板则认为结过婚的员工更为可靠。

第四种：好学上进型

某科技公司的老板沃顿最欣赏好学的员工。跟随他多年的秘书露西，本来只是高中毕业，但如今却已取得学士文凭，沃顿十分看好她，决定不久后委派她到一个部门担任主管。而对于那些科班毕业却只知毫无目标地混日子的员工，他却觉得他们没有前途、终将被淘汰。无论是想成为一个成功的人还是一个被欣赏的部属，终生保持学习的欲望和习惯都是必要的。在平时，一方面要充实专业知识；另一方面也要博闻强识，

这个世界上没有毫无用处的知识。

第五种：指挥若定型

在困难情况突然涌现、在危机时刻猝然降临时，如果你能冷静从容、泰然处之，那么，你在一开始就取得了一半成功的机会。当然，如果你接下来能妥善解决问题，那就绝对会博得老板的喝彩。诀窍在于：未雨绸缪。如果你在平时就对公司业务的薄弱环节有所警觉，并暗暗预备了一些退路，那么到时你就胸有成竹了。

我们可以从这五个类型中不难看出，除了第五种以外，前面四种类型能够成立的基础都是以员工主观地愿意多做工作，多为公司工作为依托的。特别是前三种类型，更是直接地指出了能够自觉地多做工作，能够真正地做到认真从事工作的人在每一个老板的心目中所占的分量多重。由此也能够得出，与其在老板面前心虚地摆出各种假象来博得老板的青睐，还不如一如既往地认真工作，让自己在老板的心目中留下一个真实的踏实认真的印象。

有一个年轻人毕业于一所重点高校。对于像他这样的才毕业的年轻人而言，他们对未来的工作都充满了希望和幻想，并且都雄心勃勃地认为自己所拥有的知识，一定能够鹤立鸡群，才华尽展，奋进努力的同时能收获幸福、美满的生活。虽然他在毕业后便顺利地进入了当地的一家大型企业。可是，现实并不像他自己所想象的那样美好，在这家公司里他并没有获得他想要的职位，而只是做一名普通的员工。

对此，年轻人一面心里面很不服气，也很不舒服，觉得这样的职位是在埋没自己的才能。然而，年轻人心里的那份对工作的美好憧憬并没有因此而黯淡。因此，年轻人想到了一个投机取巧的办法，那就是，在老板在的时候，就尽量把自己表现得十分的优秀，尽量展示尽自己的所有的能力和才华，而等老板不在的时候就松懈下来，对什么都保持着一种很随意的态度，不积极也不进取。

日子一天一天地过去了，年轻人一直在公司扮演着两种不同的角色，可以说是穷尽毕生的表演天赋。然而，不知为什么，年轻人发现上司对自己的态度越来越冷淡，到后来基本上是一种无视的状态，有的时候，年轻人发现老板看待自己的眼神很是复杂。

有一天，年轻人被老板叫进了办公室，本来年轻人以为是有什么特殊的工作要安排给自己，谁知道待自己站定后，老板交给了年轻人一份解雇书。当即，年轻人就呆了，不明所以。年轻人询问老板解雇自己的理由，老板解释道："解雇你的理由就是你没有真正地在为你的工作而工作，你是在为我对你的态度而工作。我在的时候，你就表现得十分的积极、努力，我不在的时候，你就散漫，丝毫没有把工作当回事，只是想要在我的面前表现，而忽略了工作本身。对于一个这样的员工，我认为我们没有必要支付薪水聘请这样的工作人员。你以为我不知道你的真实情况吗？我要告诉你，这里的每一个员工的工作情况我都了如指掌，这就像老师在讲台上讲课，学生躲在书后玩自己的情况是一样的。学生老以为有着一个遮挡物能够瞒住老师的眼睛，其实老师对他们在干什么一清二楚，只是当场没有揭穿他们而已。"

听完老板的解释以后，年轻人什么也没有争辩，回去后收拾好了东西，离开了公司。

从来没有什么时候，老板像今天这样，青睐能做好自己工作的员工，并给予他们如此多的机会。曾经看到这样一则招聘广告："某大型国有企业招聘档案管理员，工作强度不大，但要求尽职尽责。"事实上，不仅档案管理员，所有的职业、工作都要求员工尽职尽责，把工作做好。而对公司而言，所谓的尽职尽责就是在工作的时间做与工作有关的事情。记得有人曾经说过："如果你能够尽到自己的本分，尽力完成自己应该做的事情，那么总有一天，你能够随心所欲地从事自己想要做的事情!"

每个老板都喜欢具有职业精神的员工，那么当你得到一份工作时，你的第一步行动就是努力做好自己的工作，也只有如此，你才会得到老板的认可，你的努力老板都看得见。

如今很多人，尤其是年轻人，只知道盼望自己能够升职加薪甚至飞黄腾达，以此来获得更多的物质财富，但并没有意识到这些都是建立在认真做好自己和不懈努力工作的基础上的。只有全力以赴，尽职尽责地做好目前的本职工作，哪怕是极其平凡、极其低微的岗位，也能让自己逐渐地获得价值的提升。试想，一个连本职工作都做不好的人，如何能得到老板的信任和认可，如何让老板作出提拔你、重用你的决定？如果

连自己的工作都如此斤斤计较的人，如果你是老板，有这样的员工，你会愿意给他加薪的机会吗？

如果你想加薪乃至升职，首先要做的就是要熟悉公司的一切，对于公司及所从事的工作有个全局性的认识。其中包括公司的目标、公司的使命、组织结构、销售方式、经营方针、工作作风等，尽量使自己像老板一样了解自己所在的公司。熟悉公司的一切是做好本职工作的前提，尽量多接受和找寻更多的工作来做，让自己尽可能地多为公司做事，不仅为公司也为自己工作能力打下基础，打下这个基础才可以使你的工作干得更出色，甚至超出老板的期望。

整个公司是一个大机器，每个零件的作用都是不一样的。你在整个机器上是一个什么位置，自己应该清楚。如果你是一家超市的营业员，与你最直接打交道的一是顾客，二是商品。所以，你的工作是管理好商品，留住顾客，让他成为你们永久的“上帝”。如果，你不清楚商品的种类，商品摆放的位置，商品还有多少库存，以及这种商品是否畅销，那么这就是你的失职。如果你意识到了自己的“滞后”，却依然不思进取不想改进，那是你对工作的懈怠，是对你的公司、对你的工作缺乏热情，从根本上说你并没有认识到这份工作的重要与神圣。

只有清楚自己在整个公司处于什么样的位置，在这个位置上都应该做些什么，然后才能把自己该做的事情做好。当你能把该做好的事情做好，还能找更多的工作给自己，让自己主动地为公司分担一份重担，并且为公司创造出更多的财富的时候，你才有机会获得老板的加薪和提升。

在工作的时候，我们不要为了一些貌似老板不知道的或者附加的工作而斤斤计较，因为，你为公司做的每一项工作、多付出的每一份心血，你的领导、你的老板都了然于心，他们一直没有给你提出升职加薪，只是因为他们需要时间来见证你对这份工作的热爱，对公司的关心和责任心是否是扮演出来的，还是内心散发出来的，是否能够持之以恒，是否承受得住公司给予的每一个考验。当你忘我地、全心全意地为公司和工作付出以后，你的老板和领导一定会给你一个公平的、公正的回报。

关键五　勇于承担责任，工作职责高于一切

责任胜于能力，勇于承担责任是每一个优秀员工必备的品质，放弃承担责任或者蔑视自己的责任，就等于在职场之路上自设障碍，永远与成功无缘，因为能不能勇于承担责任是企业对员工是否合格的重要衡量标准。

负责就是义务

每一个企业都有这么一个共同的认识，那就是：没有责任感的员工不是合格的员工，在工作中，每个人都应付出，做到自己能做到的最好程度，做必须做的事，在任何时候都不能忘记自己的责任。

年轻人更应该清楚地意识到自己的责任，并勇敢地扛起它。世界上最愚蠢的事情就是推卸自己的责任。对工作负责是每个人应尽的义务，我们每一个人都应该把这份责任担负起来。巴顿将军曾经说过：“自以为了不起的人一文不值，遇到这种军官，我会马上掉换他的职务。每个人都必须心甘情愿为完成任务而献身。”

曾经在一本书上看到这样的一个故事。

有一段日子里，戈登感到人生乏味，自己灵感枯竭，意志消沉，并且越来越严重，他只好去看医生。在对身体作了全面检查后，并没发现任何异常。于是医生便建议他出去旅行一次，到他少年时代最喜爱的地

方去度一次假。度假期间，不要说话、读书、写作以及听收音机。然后医生给他开了4张处方，吩咐他分别在度假那天的上午9点、12点、下午3点和6点打开。

戈登依据医生的吩咐到了心爱的海滩，上午9点准时打开第一张处方，上面写着"仔细聆听"。他当时就蒙了：医生难道疯了？让我连坐3个小时？但他还是试着按医生的吩咐耐心地四下倾听。他听到海浪声、鸟声，不久又听到许多从前未注意的声音，他一边聆听，一边想起小时候大海教给他的耐心、新生以及万物息息相关等观念，他逐渐听到往日那熟悉的声音，也听出沉寂，心中逐渐平静下来。

中午，他打开第2张处方，上面写着"设法回顾"。于是他开始从记忆里挖掘点点滴滴的快乐往事，想起那些细节，心中渐渐升起一种温暖的感觉。

第3张处方上写着"检讨动机"。这比较难以办到，因为起先，人都要为自己的行为辩护，在追求成功、受人肯定与安全感的驱使下，他不得不采取某些举动。可最后仔细想想，这些动机并不完全恰当，这也许正是他陷入低潮的原因。回顾过去愉快满足的生活，他终于找到了答案。于是他写下了下面的话：

我突然顿悟到，动机不正，诸事便不顺。不论邮差、美发师、保险推销员或家庭主妇，只要自认是为他人服务，都能把工作做好。若是为私利，就不能如此成功。这是不变的真理。

第4张处方上写着"把忧愁写在沙上"。他俯身用贝壳碎片写了几个字，然后转身离去，甚至连头也不回，因为他知道，潮水马上会涌上来。

公司在每一个员工进入公司的那一天都提醒员工记住，要承担起自己工作中的职责，它远高于个人感情或其他。放弃承担责任，或者蔑视自身的责任，这就等于在可以自由通行的路上自设障碍，摔跤的只能是你自己。这样的你还想公司为你加薪吗？

逃避自己理应承担的职责就是逃避自己理应承担的义务，就很难赢得别人的尊重和信任，谁逃避自己的责任，谁就会被命运捉弄。谁拒绝承担组织和团队中所应负的责任和义务，谁就会被淘汰出局。有人曾说："我来到这里是为了履行我的责任，除此之外，我既不会做也不能做任何贪图享乐的事。”

一位成功的经营者曾经说过：“如果你能真正制好一枚别针，应该比你制造出粗陋的蒸汽机赚到的钱更多。”许多年来，大多数的人们一直没有领悟到它的含义：尽职尽责是决定你的薪水的重要基础之一。

在工作中是否能够发挥你的长处，与这种兢兢业业的态度是密不可分的。如果你已经选择了自己的工作，并且想自己的付出能从我们的薪水上看到公司对我们的认可，不想被人看轻，那么，你就需要这种尽职尽责对待公司的精神。

各行各业都需要勤勤恳恳、尽职尽责的工作作风，因为它们是培养敬业精神的肥沃土壤。没有了责任和理想，生活就失去了它的意义。因此，无论现在你从事的是什么样的工作，普通的也好，令人羡慕的也罢，都应该忠于职守，以取得不断的进步。可能当前你的环境不尽如人意，但是，如果你能够全身心地投入工作，最后获得的可能不仅仅是经济上的收获，更可能是人格上的自我完善。

责任能够让一个人成长，让一个人成熟，更能让一个人能够散发他的魅力。能够担当起责任的人就能够担当起自己的生活、自己的人生，和家庭的未来。

一位伟人曾这样说道：“人生所有的履历都必须排在勇于负责之后。”是的，责任可以让每一个人保持最佳的精神状态，投入到任何具有挑战性的工作中并让自己的潜能爆发。然而，现在有很多年轻人自己不努力，却总是怨天尤人。他们不珍惜美好的青春，不设计美好的未来，而是过着得过且过的“逍遥”生活。父母的溺爱成了他们的防腐剂，他们不自立，懒于为生计奔波，对自己的未来一点都不负责任。而一个对自己都不能负责的人，又如何对别人负责呢？

责任贯穿于每一个人的一生。在家中，一方面，孩子们对父母亲有自己应尽的责任和义务，另一方面，父母亲对自己的子女也有应尽的责任和义务；同样，夫妻之间也有各自应尽的责任和义务；在社会上，作为朋友或邻居或同事，人们之间都有各自的责任和义务，雇主和雇员也各有自己的责任和义务。

责任伴随每一个人生命的始终。从我们来到人世间一直到我们离开

这个世界，我们每时每刻都要履行自己的责任和义务。对老板的责任和义务，对下属的职责和义务以及对同事的责任和义务。凡是有人生存和活动的地方，都有我们人类应尽的责任，责任和义务与我们的生活是不可分离的。我们每一个人，不论尊卑贵贱，男女老少，都只是一名普通的人，为了我们自己，也为了他人的幸福，我们应该利用一切手段和能力来履行自己的责任。

持久而良好的责任观念是每个人应具备的最起码的品德。因为每一个有责任感的人都必须靠这种持久的责任观念来支撑。没有持久的责任观念，人们就会在逆境中倒下去，在各种各样的引诱面前把握不住自己；而一旦一个人真正具有了牢固而持久的责任观念，最软弱的人也会变得坚强，在逆境中会勇气倍增，在引诱面前不为所动。

“责任，”一位哲人说，“是把整个道德大厦连接起来的黏合剂；如果没有责任这种黏合剂，人们的能力、善良之心、智慧、正直之心、自爱之心和追求幸福之心都难以持久。这样，人类的生存结构就会土崩瓦解，人们就只能无可奈何地站在一片废墟之中，独自哀叹。”

责任感根源于人们的正义感，这种正义感源于人类的自爱，这种人之自爱之情是一切善良和仁慈之本。责任并非人们的一种思想感情，而是人的生命的主导原则：这一原则贯穿在人类的全部行为和活动之中，受制于每一个人的道德良心和自由意志。

拥有责任感才能更尽职尽责地工作，也才会拥有让你满意的薪水和更美好的人生。

 每名优秀的员工都会主动承担更多的责任

很多员工只要求自己把老板交代的事情做好，在事情出现问题后，往往喜欢推卸责任，把问题甩给老板；相反，具备责任感的员工根本没有把自己的过失归咎于外在环境和别人的想法，更不会逃避自己应该承担的责任。他们懂得根据自己的价值观作出相应的选择，知道自己有责

任为自己和别人创造一个良好的外部环境。在他们的言语中，从来听不到把自己应该负责的事情推卸给他人、归咎于客观环境或时间的说辞。

霍金斯是一位著名的演说家，因此，让顾客及时见到他本人和他的演讲材料都非常重要。为此，公司专门安排了一个人负责把演讲的材料及时送达到顾客手中。

一次霍金斯要担任演讲的主讲人，他给办公室里那个负责材料的秘书打电话，问演讲的材料是否已经送到客户那里。秘书回答说："没问题，我已经在好几天前就把东西送出去了。""他们收到了吗？"霍金斯又追问道。"应该收到了，我是让联邦快递送的，他们保证两天后到达。"

然而，事实却并非如此，客户虽然拿到了材料，但是由于客户每天收到的材料太多，没有意识到这份材料的重要性，随便放在了一边，等用的时候却找不到了。

那次演讲的效果可想而知，其实，如果当时秘书再负责一些，只要随后再跟踪一下此事，与客户落实一下他们是否收到材料，就不会发生这样的事了。后来，公司为霍金斯先生安排了一个新秘书。巧的是，霍金斯先生又要到上次的客户那里演讲。

当他问现在的秘书："我的材料寄到了吗？"

"到了，客户 3 天前就拿到了，"秘书说，"只是我给她打电话时，她告诉我听众有可能会比原来预计的多 300 人。不过您别着急，我把多出来的也准备好了。事实上，我以前跟客户联系时，她对具体会多出多少人参加也没有清楚的预计，因为允许有些人临时入场。所以我怕 300 份不够，保险起见寄了 500 份。还有，她问我您是否需要在演讲开始前让听众手上拿到资料。我告诉她您通常都是这样的，但这次是一个新的演讲，所以我也不能确定。

"这样，她决定在演讲前提前发资料，除非我在演讲之前明确告诉她不要这样做。我有她的电话，如果您有什么别的要求，今晚我可以通知她。"

秘书的一番话让霍金斯彻底放心了。

显然，如果我们同样处在秘书的位子上，我们也应该像例子中后面那位秘书那样敢于承担起自己的那份责任。每一个人都要有承担责任的

心理准备，因为每一个人都不能够保证自己这一辈子不犯错误。自己做错了，如果因为害怕被责备而不愿意承认错误，那结果就可能是失去更多的大好机会。勇于承担责任可以赢得别人的信任。勇担责任还会带来更多的机会，以寻找对策，确保此类错误不会再次发生。将问题都归于自己能使团体受益。勇于负责是一种精神，也是卓越的原动力。一个人承担责任，并时刻保持一种高度的责任感，也会影响到其他人。与其逃避责任，不如主动承担责任，这样可以为你赢得更多的成功机会。

逃避的心理会让我们在生活和工作中充满痛苦而非快乐。想想看，由于你的逃避心理，没有及时将工作中的纰漏上报上去，给公司造成了巨大的损失，在这种情况下，你心安理得吗？工作是琐碎的，也是重要的，人生的成就就是由这些琐碎的小事累积而成，每一份工作，每一个任务对我们都是考验，是我们迈向成功的必然台阶。

要认识到，每一个人都不能奢求命运事事如人愿，也不能要求人生没有任何困难。叔本华说：“生命的本质就是苦恼。”人生就是与困境周旋，有压力才能够有动力，如同拍球，向下的压力越大，反弹力就越强，蹦得也就越高。承担责任是为了激发人的斗志，当狂风暴雨来临时，恐慌于事无补，逃避意味着失败，只有鼓起勇气，镇定地面对和接纳，把它当成一次经验一个教训，在思索中熨烫心灵，在拼杀中走出困惑，越过沼泽和泥泞，你肯定会发现别有洞天。

当错误已经犯下以后，辩解对避免重犯错误毫无益处，它只会减轻本应由你承担的责任感，从而在该重视的时候不重视，导致错误的再次发生；相反，如果你能主动承担责任，它就会在你内心留下深刻的印象，从而时时警示你不要重蹈覆辙。并且，你的老板也会更欣赏你，说不定就会给你加薪。

只有勇于承担责任，主动承担责任，我们才能把事情做得更好。记得曾经有人说过这样一句话：“一个人敢于承担大的责任就能取得大的成就。”在这儿不想去谈论这个观点是否正确，但是有一点大家至少赞同：那就是一个人的成就，多多少少与他能不能承担的责任有一定的关系。当我们要去做一件事情的时候，就必定要承担一定的责任，而这种责任心的强弱就决定了事情结果的好坏。如果你不甘心平庸，想获得成功，成为深受老板喜爱的卓越员工，那就请主动承担应负的责任吧！卓越员工与普通员工的最大区别之一便是：前者认识到职责是每一个人应尽的义务，只有勇于承担责任才能取得更好的成绩。这也是卓越员工和普通员工薪水有差别的重要原因之一。

刘墉曾经写过一篇名为《庸医与华佗》的故事，故事是这样的：

一名妇产科医生行医十多年了都毫无差错，可在一次出诊时却犯了一个严重的错误，她误认为一个孕妇子宫里的胎儿是肿瘤，并建议病人立刻动手术将肿瘤切除，防止扩散。孕妇听到医生的诊断非常害怕，发自内心地感激这个名医，因为她及早地发现了隐藏在自己身上的这枚"炸弹"。

术前准备很快就绪了，对于这位有十多年行医经验的医生来说，这次手术非常轻松，她只要切开一个小口，就可以将肿瘤从病人身体中取出，为病人解决后患。可是，故事并没有向人们想象的方向发展。

当她打开病人腹部，向子宫深入观察，准备下刀时，她突然全身僵硬，额头上渗出豆大的汗珠，手术刀也停在了半空中。因为，病人子宫里的并不是肿瘤，而是一个正在发育的胎儿。见此情形，她被惊得目瞪口呆，很难想象自己行医十多年竟然会发生这种错误，她矛盾极了，不知道自己接下来该怎么办。如果下刀，把胎儿当做肿瘤切除掉，手术结束后再告诉病人摘除的是肿瘤，病人一定会感激她的大恩大德，而且她还可以完全保证那"肿瘤"绝对不会再次复发。也许还可以借助这个病人的口，为自己的名声大作宣传，落个"华佗再世"的美名。可如果把病人的肚子缝上，再告诉病人，是她看走了眼，错把胎儿当成了肿瘤，病人家属肯定会跟她算这笔账，这样不但坏了名声，还会丢掉行医的饭碗而吃上官司。

短短几秒钟，她感觉度日如年，身上的衣服早已被汗水湿透，经过一番剧烈的思想斗争后她决定小心地为病人缝合刀口。

回到办公室后，她坐在椅子上等待病人的苏醒。然后，她静静地走到病人床前，她那严肃的神情，使在场所有的病人亲属都提高了警惕，并作好了一切心理准备，等待噩耗的宣布。

她用诚恳的态度对病人说："对不起！太太，是我看走了眼，你并没

有长肿瘤，而是怀孕了。”

她没有顾及自己的面子，如实地把情况告诉了病人及家属，并真诚地向他们道歉。医生继续说：“不过你们可以放心，幸亏发现得及时，孩子一切安好，一定可以平安、健康地生下来。”病人和家属被医生的话震惊了，十几秒过后，病人的丈夫冲过去抓住她的衣领，吼道：“你这个害人不眨眼的庸医，你害我妻子白白受苦，害我家人担惊受怕，我一定不会放过你。”

后来，孩子果然平安、健康地来到人间。

可那医生却吃上了官司，差点倾家荡产。有的朋友笑她太傻，对她说：“将错就错不是很好吗，何必吃这种苦？就算那个孩子是个健康的孩子，你说那是个畸形的死胎，又有谁能知道呢？”

她苦苦地一笑说：“地知天知。”

所以说，做错事不可怕，可怕的是拒不承认、将错就错。为了面子坚决否认自己行为的人，不但丢了自己的面子，也丢了自己的人格。要知道，即使否认了自己的过失，也未必能永久地保住面子。等到过失被人揭发时，丢的面子会更大。而那些过错，在你及时更正、讲明的情况下或许还有可能挽回，但是，当你怀着能瞒一天是一天的这种心态或者想法，时间的拖延并不能把整件事情抹平，反而只能让后果恶化，事情更为严峻，有时甚至连弥补的机会都没有。就如上面的那个故事那样，如果医生有意将整个事故隐瞒住，最后她扼杀的就是一个小生命。尽管可能事情就在只有自己知道的情况下淡去，但是，扼杀一个小生命的负罪感将跟随自己一生，并随着年纪的增大而越来越深。

我们可以逃避现实生活，就像很多讨厌大城市的人一样，忍受不了大城市的喧闹就搬到森林里去住，或者受不了森林不便利的生活条件又再搬回城市，但我们最终都要回归到一点：生活的本质是真实的，痛苦和快乐始终会存在，你无法逃避，该出现的问题总会出现，越是逃避，我们的生活将越不尽如人意。所以，我们要勇敢面对生活、面对工作，面对我们应当负起的责任。

逃避并不能成为我们解决事情的唯一手段。孔子说：“过而不改，斯谓过矣。”意思是说：犯了一回错不算什么，错了不知悔改，才算真的错了。没有人是不犯错误的，有时甚至还一错再错。既然错误是不可避免的，那可怕的就不是错误本身，而是知错不肯改、错了也不悔过的态度。

其实，如果人们能坦诚面对自己的弱点和错误，再拿出足够的勇气去承认它、面对它，不仅能弥补错误带来的不良后果，而且能加深其他人对你的印象，从而很痛快地原谅你犯的错误，并且给你一些重要的工作让你去完成，这不但不是“失”，反是最大的“得”。

事实上，一个有勇气承认自己错误的人，他可以获得某种程度的满足，这不仅可以消除恶感和自我保护的气氛，而且有助于解决这项错误所造成的问题。戴尔·卡耐基告诉人们，即使傻瓜也会为自己的错误辩护，能承认自己错误的人，就会获得他人的尊重，而且给人一种高贵诚信的感觉。做错事时，如果能够主动而真诚地认错，会产生令人惊奇的效果，那要比为自己开脱更有意义。

如果你害怕在别人面前承认自己曾经犯的错，那么，请接受以下这些建议：你必须向别人交代，与其替自己找借口逃避责难，不如勇于认错，在别人没有机会把你的错处到处宣扬之前，对自己的行为负起一切的责任。

如果你在工作上出错，要立即向领导汇报自己的失误，这样当然有可能会被大骂一顿。可是在领导的心目中你是一个诚实的人，将来也许会对你更加器重，反而会给你加薪，你所得到的可能比失去的还多。

如果你所犯的错误，会影响到其他同事的工作成绩或进度，无论同事是否已发现这些不利影响，都要赶在同事找你“兴师问罪”之前，主动向他解释、道歉。千万不要企图自我辩护，推卸责任；否则只会火上浇油，令对方更感愤怒。

犯了错误最应该做的事情就是改正错误，也只有选择维护真理、抚慰良心的人，才能问心无愧，生活才能五彩缤纷。当你做错事时，最大的敌人不是别人而是自己的面子，有些人为了保住面子，不惜颠倒黑白把自己错误的行为说成正确的。如果人们姑息自己犯下的错误，将错说成对，那么生命只能在过错中重复，无法步入真理的正途。

没有责任，就没有压力；没有压力，就没有动力。各行各业都需要

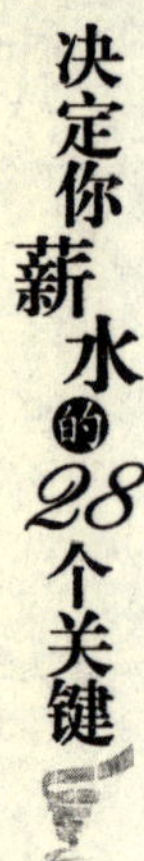

全心全意、尽职尽责的人。年轻人应该记住：无论做什么工作，都能沉下心来，脚踏实地地去做。一个不愿承担责任的人是不可能得到老板的赏识的，更不可能创造出卓越的成绩，老板也不会给你加薪。

可见，那些负重的人大多都遇事坚定，是沉重的责任感让他们的人生脚步更加坚稳。而那些不愿意承担责任的人，遇事就很容易失去分寸，乱成一团。责任可以使人卓越。一个不负责任、没有责任意识的人，不但不会为自己所在的团体作出贡献，而且会给团体带来很大的损失。

一个不把自己当成自己公司的主人的员工，公司也不会把他当成自己的人，又怎么会给他高薪水呢！如果你不愿意负责任，你就不能担当重要职位。这是一个常识，也是一种人生态度。你愿意负责任的事越多，你的能力就越大。负责任是扩大自己能力的一个入口。一个人有多重要，通常与他所负责任多少成正比。决定一个人成功的最重要因素不是智商、领导力、沟通技巧、组织能力、控制能力等，而责任通常也会为你带来不错的薪水。

关键六　没有任何借口，找借口就是放弃薪水

今天的人在做错什么事的时候，第一个反应就是赶紧给自己找借口、找理由，绞尽脑汁地想要把所有的过失都从自己身上推脱掉，把自己撇得干干净净的。但是，错了就是错了，借口只是不断地向别人表述着你不想要为自己的过错承担责任的想法。倘若公司请一个不愿为自己的过错负责任的人，那公司又凭什么来衡量你的价值？因此，我们不要为自己的过失找借口，找借口就等于放弃自己的薪水。

借口是弱者的"盾牌"

"这太难了，我做不到"、"这不是我的错"、"我没有时间"……这些是很多年轻人经常挂在嘴边的话，当你习惯了用这样的方式来说服对方，安慰自己的时候，你正在逐渐走向平庸。既然只是平庸，那薪水也只能是平平。

太难并不能成为你拒绝执行的借口，非常简单的事情人人都能够做，为什么要找你？事情没有达到预期的结果，不是你的错，又是谁的？你真的忙得一点时间都没有吗？我们总是为自己的失败寻找各种理由，这些看似合理的理由让我们暂时逃避了困难和责任，获得了些许的心理慰藉。但是，这种"找借口"的习惯正在一点点地吞噬着我们的激情和理想。

某公司原来规定9点上班，可是老板发现经常有员工迟到。考虑到上班高峰路况拥堵，老板将上班时间改为9点30分。但是，每天还是有若干员工姗姗来迟。

对此，老板很不满意，在公司设置了上下班打卡机，每个员工早晨到公司后都要打卡，卡上记录着到达时间。只要9点30分一过，打卡机就会发出警示音，再打卡时上面的时间就会显示为红色。老板身体力行，自己每天都按时到公司，并按规定打卡。每月开例会的时候，有迟到记录的员工都会被点名批评。被点名的员工抱怨这样的制度太不人性化，他们有些人不服气地说："老板就住在离公司开车3分钟的豪宅，他当然很容易做到了。但我家那么远，每天要提前1个多小时出门，路上要转好几次车，而且上班高峰期，路况十分拥堵，怎么可能每天都按时到达呢？"

有一个员工住得也离公司很远。他每天都提前半个小时出门，把堵车和发生意外情况的时间都预留出来，因此可以确保每天都提前20分钟到办公室。他的部门主任暗示他住得远，又得老板欣赏，迟到一会儿不要紧。他却认为：住得远是自己的问题，这与公司无关，不能成为迟到的理由，自己的困难必须自己解决。后来，他因为积极的心态和良好的素质得到了老板的提拔，成了公司的高层管理人员。

现实生活中，我们缺少的正是那种想尽办法去完成任务，而不是去寻找借口的人。优秀的员工从不在工作中寻找任何借口，他们总是把每一项工作尽力做到超出别人的预期，最大限度地满足别人提出的要求，也就是"满意加惊喜"，而不是寻找任何借口推诿；他们总是出色地完成老板安排的任务；他们总是尽力配合同事的工作，对同事提出的帮助、要求，从不找任何借口推托或延迟。"绝不找借口"做事情的人，他们身上所体现出来的是一种服从、诚实的态度，一种负责、敬业的精神，一种完美的执行力。"绝不找借口"理念的核心是敬业、责任、服从、诚实，这一理念是提升企业凝聚力、建设企业文化最重要的准则之一。

借口是灾难的温床，习惯性找借口的人通常也是制造灾难的专家，他们每当作出错误决定或者搞砸某项工作时，总会找出一些借口来安慰自己，替自己开罪，总想让自己轻松一些、舒服一些。有了找借口的习惯，做起事情来往往就不诚实，掺入了很多侥幸的因素在里面，你的工作成果也必定遭人轻视。借口是推卸责任、自欺欺人的表现，这是找借口唯一的好处，让自己怀着一个“阿Q精神”在社会上、职场中穿行。找借口，也可说是这些人企图把应该自己承担的责任转嫁给社会或他人，为自己制造一个安全的角落，不受外来“风雨”的侵蚀或伤害。这样的人，在企业中不会成为称职的员工，也绝不是企业可以期待和信任的员工，在社会上更不是大家可以信赖和尊重的人。

找寻借口从表面上看，好像是为我们自己摆脱了许多不必要的麻烦，让我们“无责任一身轻”。但是，它所达到的效果真的是这样的吗？从以下的几个方面我们可以看出，寻找借口、推卸责任并不是摆脱麻烦的最好办法，而是真正麻烦的开始。

第一，当我们就职于某家企业的时候，我们获得工作的同时就意味着我们要为我们所接受的这份工作承担它所附着在上面的责任，因为“挑起了工作等于挑起了责任”。我们在工作中寻找借口推脱，不敢真正地承担责任，也就不可能真正地做好自己的本职工作，而工作的结果也就不言而喻了。这正是我们所说的“没有压力就不会有动力”。

第二，现在职场的竞争激烈，而生存和发展是由我们自身所具备的能力决定的，就像是一本书中所说的一样：“这是一个依靠能力说话的时代。”而我们在寻找借口、推卸责任，实际上是在拒绝自我能力的提高。如此一来又怎么能够获得好的生存和发展机遇以及高薪水呢？

因此，优秀的员工就应当做到勇于承担责任，不去寻找任何借口。现在的企业急需的就是这种不找任何借口、勇于承担责任的优秀员工。也只有这样的员工才配拿公司给他的薪水。

所以，千万不要找借口！把寻找借口的时间和精力用到努力工作中来，因为工作中没有借口，人生中没有借口，失败没有借口，成功也不属于那些总是寻找借口的人！

美国西点军校，有一个广为人知的悠久传统。学员遇到军官问话时，只能有4种回答：“报告长官，是！”“报告长官，不是！”“报告长官，不知道！”“报告长官，没有借口！”除此之外，不能多说一个字。

“绝不找借口”是美国西点军校一直以来奉行的最重要的行为准则。

是西点军校传授给每一位新生的第一个理念。它使每一位学员想办法去完成任何一项任务，而不是为没有完成任务去寻找借口，哪怕是看似合理的借口。秉承这一理念，无数西点毕业生在人生的各个领域取得了非凡的成就。有一组数字：第二次世界大战后，在世界500强企业里面，西点军校培养出来的董事长有1000多名，副董事长有2000多名，总经理一级有5000多名。任何商学院都没有培养出这么多优秀的经营管理者。

在职场上，任何借口都可能会把人推到悬崖的边缘，人们随时都可能会落入失败的深渊。

如果一个人养成了这种习惯，那么当他做错事情的时候，就会情不自禁地寻找各种借口为自己开脱，对他来说，不仅失去了学习他人正确行为方式的机会，而且还失去了对自己行为和后果关系的辨别能力。他不知道，各种困难的出现，正是当初不正确行为作用的结果，当然对他来说，对自己负责的道理也就不会起作用了。

有些员工确实也想前进，但他们不能使自己如火箭般直飞目标，因为他们总是抱有借口，这样，他们就总在原地徘徊——他们没有义无反顾的气魄；相反，还有一种员工，他们在工作中拒绝任何借口，他们抱着必胜的信心和战胜一切困难的决心，当他们倾注所有时间和精力于一个生命最伟大的目标时，他们心中就能充满一种强大的动力，推进他们不断前进。

将“消除一切借口”的理念应用于你的事业，并且感觉自己离梦想和目标很近的时候，你就会认识到你将会在生活的所有领域取得成功，而且会产生一种充实感和幸福感。这样，你将能不断成长，最后完成自己的理想。

将“消除一切借口”的理念应用于你的事业，你就会领悟到：过一种对自己负责的生活其实是一件何等有趣的事情。其实，这种变化是潜移默化的。只要过一种自我负责的生活，相应的乐趣就自然形成了。

将“消除一切借口”的理念应用于你的事业，能够教会你如何识别出被自己隐藏起来的恐惧，并帮助你去消除它们，不使它们成为你前进路上的“绊脚石”。这些理念将会成为信心和力量的源泉。

寻找各种各样的借口，往往是人在面对困难和遭受失败时作出的第一反应，它们的出现，常常是因为我们需要保存一点颜面。其实，这是一种错误的心理方式，它不但欺骗了别人，很可能也蒙蔽了自己。它只能对我们的工作产生不利的影响；相反，“消除一切借口”，甚至抱有“不给自己留后路”的理念，往往会使你的工作表现更为出色，从而赢得同事的好评和老板的赞誉，我们的事业和薪水也将“飞黄腾达”!

拿起“盾牌”等于放弃薪水

不愿承担责任、拖延、缺乏创新精神、不称职、缺少责任感、悲观态度，看看吧，那些看似冠冕堂皇的借口背后隐藏着多么可怕的东西啊!我们通过这张盾牌掩饰了我们自身多少的陋习，让我们生命的画卷上多了多少污点。

其实，无论是在工作中还是在生活中，人们都是不喜欢找借口的人的。试想，如果你与某人约好时间见面，而他迟到了，见面张口就说路上车太多了，或者是他在门口迷路了等，你会怎么想?生活中只有两种行动：要么努力地表现，要么就是不停地辩解。没有人会喜欢辩解的，那些动辄就说“我以为、我猜、我想、大概是”的人，想想吧，你们从这些话中得到了些什么?

当然，我们并不能解决“路上堵车”的问题，我们也不太可能等外部条件都完善了再开始工作，但就是在这种既定的环境中，就是在现有的条件下，我们同样可以把事情做到极致!我们无法改变或支配他人，但一定能改变自己对借口的态度——远离借口的羁绊，抵制借口对自己的影响力，坚定完成任务的信心和决心。越是环境艰难，越是敢于承担责任，锲而不舍，坚忍不拔，就一定能消除借口这条“寄生虫”的侵扰。很多借口其实都是我们自己找来的，牵强附会。同样我们也完全可以远离、抛弃它们。

借口就像一面盾牌，虽然它能挡住我们生活中的某些纰漏，但是它也同时挡住了我们人生中的进步。在工作中，这面借口的“盾牌”帮我

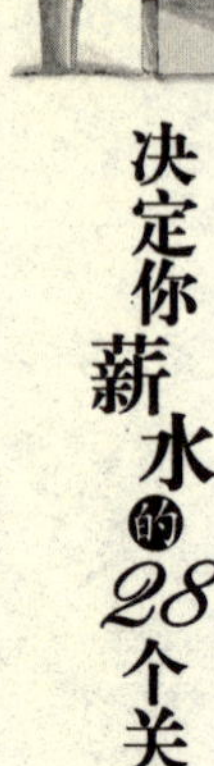

们挡住了公司的“风风雨雨”，但是自己也因为缺少风雨的洗礼而渐渐地失去了应该有的“锋利”，这使得我们就像一把锈钝掉了的刀，虽然存在在那里，但是它的功能已经丧失，成为了一件可有可无的东西，随时都有被抛弃的可能。

罗杰·布莱克，一位体育界的成功人士，他曾获奥林匹克运动会 400 米银牌和世界锦标赛 400 米接力赛的金牌，可他的出色和优秀并不仅仅是因为他令人瞩目的竞技成绩。更让人为之动容的是，他所有的成绩是在他患心脏病的情况下取得的，他没有把患病当做自己的借口。

除了家人、医生和几个亲密的朋友，没有人知道他的病情，他也没向外界公布任何的消息。当在第一次获得银牌之后，他对自己并不满意，倘若他如实地告诉人们他的身体状况，即使他在运动生涯中半途而废，也同样会获得人们的理解与体谅的，可罗杰并没有这样做，他说：“我不想小题大做地强调我的疾病，即使我失败了，也不想以此为借口。”

正是因为罗杰没有为自己找寻任何借口，所以才能在比赛上取得这样的好成绩。试想，如果当罗杰提前将自己的病情告诉了大家，就好像事先已经为自己如果拿不到好名次提供了一条退路。当人想到自己还有退路的时候他的大脑就会产生犹豫不定的想法，对是否向前直冲产生了一种迷惑。而正是这种犹豫不定或者迷惑让我们在事业、比赛、竞技、拼搏还未开始的时候便已输掉了自己的气势。不给自己任何退路，不给自己找任何借口的想法反而能刺激自己孤注一掷，拼尽全力地放手一搏。正是这样的精神才能取得好的成果。

中国有一句成语叫做“哀兵必胜”，为什么这么说呢？“哀兵”指的是那些在战场上被团团包围，被敌人封死了退路，围困于其中的兵将。在“哀兵”的眼中，死亡似乎已经成为了必然，自己不再有任何的退路，但是，倘若自己视死如归，放手与敌军一拼，说不定还能突出重围，为自己找寻新的生还机会。所以鉴于这样的思想，“哀兵”们就奋勇拼杀，那时候所有的人都是在超水平发挥，因为为了给自己创造一个活下去的机会。

从这个成语我们不难看出，当我们在没有后路，没有借口的情况下我们的能力都会比别的时候更强悍，更具威力。所以，我们不要随时为自己在工作中的错误准备诸多的借口。借口无法让一个人成长，也无法让任何一家公司获益。

公司聘请员工是要为自己创造效益的，而非是听员工找借口，看他们如何来掩盖住自己的错误或者为自己找寻退路的。公司的领导们都希望他们所支付给员工的每一份薪水都能看得到相应的收益，如果员工不断地为自己找借口而停在原地，不敢向前拼搏，那么那份薪水也就失去了其本身的作用和价值，这样对于一个公司而言是一种资源的浪费。所以领导们最讨厌的就是听到员工们不断为自己的错误行为找寻理由和借口，为自己“开脱”。这样的行为就等于你在向你的老板暗示你准备要放弃这份薪水，放弃这份工作。

还有一些人找借口的行为来自于他们有这样的想法：我的老板太苛刻了，根本不值得如此勤奋地为他工作。然而，他们忽略了这样一个道理：工作时虚度光阴会伤害你的雇主，但受伤害更深的是你自己。一些人花费很多精力来逃避工作，却不愿花相同的精力努力完成工作。他们以为自己骗得过老板，其实，他们愚弄的是自己。老板或许并不了解每个员工的表现或熟知每一份工作的细节，但是一位优秀的管理者很清楚，努力最终带来的结果是什么。可以肯定的是，升迁和奖励是不会落在玩世不恭的人身上的。

加藤信三是日本狮王牙刷公司的普通职员。有一段时间，公司陷入困境，产品一直打不开市场，作为市场部的员工，加藤信三非常着急。一天早上，他用本公司生产的牙刷刷牙时，牙龈被刷出血来。他气得将牙刷扔在了马桶里，擦了一把脸，满腹怨气地冲出门去。牙龈被刷出血的情况，已经发生过许多次了，并非每次都因为自己不小心，而是牙刷本身质量存在问题。“真不知道技术部的人每天都在干什么？”他愤愤地说。

他来到公司，就径直走向了技术部，向他们说了这个情况。可是，技术部的负责人说：“这不是我们的原因，技术关不是一天两天能攻破的事，急不得的，更何况又不是只有你一个人出现了这种情况。”加藤信三听了这话，就气不打一处来。可是他控制住了自己的怒气。他想到了管理培训课上学到的一条训诫：“当你有不满情绪时，要认识到正有无穷无尽新的天地等待你去开发。”他冷静下来，心想：这也许是一次发挥

自己能力的好机会呢！于是，他掉头就走了。

那天之后，加藤信三就和几位同事一起，着手研究牙龈出血的问题。他们提出了改变牙刷的造型、质地、排列方式等多种方案，但是结果都不理想。一天，加藤信三将牙刷放在显微镜下观察，发现毛的顶端呈锐利的直角。这是机器切割造成的，无疑也是导致牙龈出血的根本原因。

于是加藤信三就向领导建议：公司应该把牙刷的顶端改成球形。改进后的狮王牌牙刷在市场上一枝独秀。作为公司的功臣，加藤信三从普通职员晋升为科长，薪水也大幅度增加。可是，当时为牙刷出现问题找借口的技术部负责人，却遭到了口头批评，本来预定的加薪升职的机会也与他擦肩而过。

趋利避害是人类的本性，为了避免不利于自己的事情发生，借口油然而生。这种习惯性动作看似高明，实际上却是掩耳盗铃。如同鸵鸟，一有风吹草动，即刻将头扎入深深的沙丘，还是逃脱不了被猎人从沙中揪出的命运。当然我们不应该过分苛责一个动物的本能反应，但作为高度职业化的员工，如果不能控制住这种本性，在问题面前相互推诿，那么，这便不是他能力出现了偏差，而是在认识上摆错了自己的位置。

失败者找借口，成功者找方法，是生活中司空见惯的事，应当引起每个人特别的重视。经常会听到一些公司的老板抱怨，许多员工积极性不高，工作也不怎么样，但找借口的本事却不小。他们认为，这种员工自觉得很聪明，其实用心别人是一目了然的。这些老板对其找的借口能否信任也有两说，但他们统一表示，非常不喜欢事事找借口的员工。他们说："做错事情不要紧，没有完成任务也不要紧，关键是认识到错误，而不是只是找理由、找借口。"

找借口进行解释实际上是通向失败的前奏。寻找借口只能造就千千万万平庸的企业和千千万万平庸的员工。面对失败，是选择责任，还是选择借口呢？选择责任，你的路是向前的，责任会鞭策着你走得更远；选择借口，你的路是后退的，借口会牵引你原地踏步甚至后退。而你所要做的，你所想要得到的，正需要你永远向前迈进。

我们每个人的天性中都存在一颗"黑暗的种子"，那就是好逸恶劳，推卸责任。遇到情况时，人们往往会出于本能把好的事情往自己身上揽，把坏的事情往别人身上推。如果你不对自己这颗“黑暗的种子”严防死守的话，那么，就会很容易陷入找借口、推卸责任的圈子里去。如果我们拿起借口这面我们自认为能够为我们“驱邪挡煞”的“盾牌”，那么我们的生命将停止不前，我们的事业也将中断，失去了事业自然也就没有什么薪水可谈了。

关键七　工作中无小事，百分之一的错误会带来百分之百的损失

现实工作中的失败常常不是因为“十恶不赦”的错误引起的，而是那一个个不足挂齿的“小错误”造成的！在环环相扣的工作中，它不断地被放大，早已不再是微不足道的了！在精细化的时代，一个由数以百计的人所构成的公司，其中任何一个百分之一甚至是千分之一的行动偏离都会让整个公司陷入困境，因此对于工作我们不能有丝毫怠慢。某种意义上说，你怠慢工作，也就怠慢了自己的薪水。

小事情却有大影响

一只亚马孙河流域热带雨林中的蝴蝶，偶尔扇动几下翅膀，就可能在两周后引起美国得克萨斯州的一场龙卷风。这是科学家洛伦兹于1979发表的“蝴蝶效应”理论，它生动地反映了混沌运动的一个重要特征：初始条件十分微小的变化经过不断放大，对其未来会造成极其巨大的影响。

美国某质量管理专家曾说：“一个由数以百万计的个人行为所构成的公司，经不起其中1%甚至是1‰的行为偏离正轨。”

现代化的大生产，涉及面广，场地分散，分工精细，技术要求高，许多工业产品和工程建设往往涉及几十个、几百个甚至上千个企业，有些还涉及几个国家。这就需要从技术和组织管理上把各方面的细节有机地联系协调起来，形成一个统一的系统，从而保证其生产和工作有条不紊地进行。在这一过程中，每一个庞大的系统是由无数个细节结合起来的统一体，忽视任何一件小事，都会带来意想不到的灾难。

在工作中，任何小事，都会事关大局，牵一发而动全身，每一件细小的事情都会通过放大效应而凸显其重要影响。工作中无小事，任何惊天动地的大事，都是由一个又一个小事构成的。企业中的每一个员工，都是企业运转的一个小环节，他们的工作质量会影响到整个企业的工作质量。

曾经美国的一份地方报纸上登过一则招聘教师的广告：工作很轻松，但要尽职尽责，重视教学工作中的小事与细节。

事实上，不仅教师如此，所有的工作都应该尽职尽责，重视工作中的小事与细节。这不仅是工作的原则，也是做人的原则。一件简单的小事情所反映出来的是一个人的责任心。工作中的一些细节，唯有那些心中装着"大责任"的人能够发现，这也是这类人薪水通常较高的原因。

对责任的深刻理解远不如做一件有责任的小事，后者更能显现出你的责任感。你是书店的营业员吗，是否勤于擦拭书架上的灰尘？你是公交车司机吗，是否让车天天保持整洁了？你是教师吗，是否耐心批改了每一份作业或试卷？你是技术人员吗，是否认真编写了每一行程序或者细心焊接了每一块电路板？当重视小事成为一种习惯，当责任感成为一个人的生活态度，我们就会与"胜任"、"优秀"、"成功"同行，高薪也会与你同行。

失败有失败的理由，成功有成功的道理。一个小小的事件，如果我们忽略了，那么就意味着整体的失败。我们的古人曾经说过这样一句话："差之毫厘，谬以千里。"这句话的意思不难理解。但是这个经验总结告诉我们，我们手中的任何一个细小的、看似无关紧要的小事都有可能改变我们以后的人生轨迹。

记得曾经一度有这样一件事情在期望以后能成为一名翻译的学生们之间流传。

曾经有一个人，是十分厉害的翻译，他在大使馆里工作，经常随着国家的首脑出国，在大会中为国家领导人做翻译工作。这样的工作曾经

羡煞好多学习外语的学生，让很多人对这个人都充满了钦佩，对这样的职业也充满了向往，认为把自己所学习的知识运用于实践，把一种语言换成另外一种语言，传达出来就可获得这么体面的一份工作和薪水，很是让人心动。但是，有一天，这个故事出现了转折。这也让很多的学生对这份工作又重新有了新的认识。

有一次，在这位翻译官在为两国的首脑谈论本国某个有争议的岛屿的主权问题的时候，这位翻译官在翻译到这个岛屿的名字时，很自然地将小岛和自己国家的国名作为两个单独的词直接地讲了出来，而没有意识到自己的这个无意识的翻译在人们的认知上就相当于将自己国家对这个岛屿的所属权让了出来，让这个岛屿从自己的国土上划分了出去。这一下就犯下了一个严重的主权问题的错误。

为此，在整个会议后，国家作出决定将这名翻译官除了名，不再继续起用，而且，因为这涉及国家的主权问题，这名翻译官还被关进了监狱，服了刑。等这名翻译官再从牢里出来的时候，已经没有了当日的风光。这时候的翻译官想要再找翻译工作已经不像过去那么信手拈来就有一大把。所有的人鉴于以前翻译官所犯下的错误都不愿意再聘用他。翻译官为自己曾经那一时一个字的疏忽懊悔不已。但事已至此，懊悔也毫无用处了。

这个真实的故事告诉我们，没有什么事情能被称做是小事。一个人的一生，他的事业、工作中的每一次起伏都是因为他身上每一件小事的积累而成的。你的成功是因为你每一次细心经营；你的失败是因为你某一次的疏忽大意。没有精彩的细节，也就无法得到一个完满的整体。完满是因为我们对每一个细节的考究琢磨，让每一个小地方都发挥了它所能发挥的极致，所以才能让整体大放异彩，让众人赞叹。

想想，世界名画家达·芬奇的《蒙娜丽莎的微笑》是他在每一天都为这位妇人细心作画的努力下才有了今天的盛名；西斯廷教堂的壁画是在米开朗琪罗精心的一笔一画的描绘下，才让今天的我们感受到那种西方美学、雕刻和神学相结合的辉煌气势，等等。如果这些没有他们的细心地雕琢又怎么会有今天的成果和成就？

工作看重这些所谓的小事，老板也看重这些所谓的小事，他很可能就因为你把小事做好了而给你加薪。注重这些所谓的小事的员工，必定会受到老板的赞许、倚重。而粗枝大叶，对所谓的小事满不在乎的员工不但会频频出错，而且会给老板一个印象：这个员工能力不行。在必要的时候，老板就会让这个员工走人，即便这个员工满腹才华。因为很多时候，老板看到的只是成果，而不是潜力。

一条船造得十分结实，但是其中有一个非常小的虫蛀，很多人都认为没有任何问题。但是到了大海里，这个小小的虫蛀，可就出了大问题。看似很小的虫蛀，但它可以让整艘大船翻到海里。中国也有一句古话叫“千里之堤，毁于蚁穴”，所以如果想成为一名能够拿高薪、想要求得更多发展机会员工，你就要记住千万不能有百分之一的错误，因为在优秀的人的心里，百分之一的错误拥有能够百分之百摧毁你所积累的一切的力量。

没人有忽视小事的特权

许多公司不缺少拥有雄韬伟略的战略家，缺少的是精益求精的执行者；不缺少各类管理制度，缺少的是对规章条款不折不扣的执行。在某些时候，小事的意义有可能远大于战略的意义，而且很有可能因为某些小事就决定了你的薪水高低甚至成败。

我们普通人，在大多数的日子里，很显然都是在做一些小事，怕只怕小事也做不好，小事也做不到位。身边有很多人，不屑于做具体的小事，总盲目地相信“天将降大任于斯人也”。殊不知能把自己所在岗位的每一件小事做成功、做到位就很不简单了。有其职斯有其责，有其责斯有其忧。重要的是做好眼前的每一件小事。所谓成功，就是在平凡中做出不平凡的坚持。

“天下大事，必作于细；天下难事，必成于易”。我们在工作中需要改变心浮气躁、浅尝辄止的毛病，注重细节，从小事做起，把小事做细。每一个合格的员工都认为，在今天这个社会，几乎所有的员工都胸怀大

志，满腔抱负，但是成功往往都是从点滴开始的，甚至是从细小至微的小地方开始。如果不遵守从小事做起的原则，必将一事无成。你也必须清楚，你薪水的高低也很可能由这些不起眼的小事决定。

这是一个发生在美国通用汽车的客户与该公司客服部间的真实故事。

有一天美国通用汽车公司的庞帝雅克（Pontiac）部门收到一封客户的抱怨信，上面是这样写的："这是我为了同一件事第二次写信给你，我不会怪你为什么没有回信给我，因为我也觉得这样别人会认为我疯了，但这的确是一个事实。

"我们家有一个传统的习惯，就是我们每天在吃完晚餐后，都会以冰淇淋来当我们的饭后甜点。由于冰淇淋的口味很多，所以我们家每天在饭后才投票决定要吃哪一种口味，等大家决定后我就会开车去买。

"但自从最近我买了一部新的庞帝雅克后，在我去买冰淇淋的这段路程上，问题就发生了。

"你知道吗？每当我买的冰淇淋是香草口味时，我从店里出来车子就发不动。但如果我买的是其他的口味，车子发动就顺得很。我要让你知道，我对这件事情是非常认真的，尽管这个问题听起来很可笑。为什么这部庞帝雅克当我买了香草冰淇淋它就发不动，而我不管什么时候买其它口味的冰淇淋，它就生龙活虎？为什么？为什么？"

事实上庞帝雅克的总经理对这封信还真的心存怀疑，但他还是派了一位工程师去查看究竟。当工程师去找这位仁兄时，很惊讶地发现这封信是出自于一位事业成功、乐观，且受了高等教育的人。

工程师安排与这位仁兄的见面时间刚好是在用完晚餐的时间，两人于是一个箭步跃上车，往冰淇淋店开去。那个晚上投票结果是香草口味，当买好香草冰淇淋回到车上后，车子又发不动了。

这位工程师之后又依约来了三个晚上。

第一晚，巧克力冰淇淋，车子没事。

第二晚，草莓冰淇淋，车子也没事。

第三晚，香草冰淇淋，车子发不动。

这位工程师，到目前还是死不相信这位仁兄的车子对香草过敏。因此，他仍然不放弃继续安排相同的行程，希望能够将这个问题解决。工程师开始记下从头到现在所发生的种种详细数据，如时间、车子使用油的种类、车子开出及开回的时间……根据数据显示他有了一个结论，这位仁兄买香草冰淇淋所花的时间比其他口味的要少。

为什么呢？原因是出在这家冰淇淋店的内部设置的问题。因为，香草冰淇淋是所有冰淇淋口味中最畅销的口味，店家为了让顾客每次都能很快地拿取，将香草口味特别分开陈列在单独的冰柜，并将冰柜放置在店的前端；至于其他口味则放置在距离收银台较远的后端。

现在，工程师所要知道的疑问是，为什么这部车会因为从熄火到重新启动的时间较短时就会发不动？原因很清楚，绝对不是因为香草冰淇淋的关系，工程师很快地由心中浮现出答案，应该是"蒸汽锁"。因为当这位仁兄买其他口味时，由于时间较久，引擎有足够的时间散热，重新发动时就没有太大的问题。但是买香草口味时，由于花的时间较短，引擎太热以至于还无法让"蒸汽锁"有足够的散热时间。

在这个故事中，购买香草冰淇淋有错吗？但购买香草冰淇淋确实和汽车故障存在着逻辑关系。问题的症结点在一个小小的"蒸汽锁"上，这是一个很小的点，而且这个点被细心的工程师所发现。这里有一正一反两方面的教训，一方面，厂家在"蒸汽锁"这个小事没有注意，导致了产品出现这种奇怪的故障，另一方面，庞帝雅克的工程师同样因为注重这个小点将会产生的重大影响，谨慎小心分析，最后终于找出了故障的原因。

"海不择细流，故能成其大；山不拒细壤，方能就其高。"很多人都认为，自己今天做的事情都是大事，做大事才能取得大的成就，或者觉得做那些所谓的小事，去纠结那些所谓的小事就像是在给自己的精神和人生经历上摸黑一样，让他们不能容忍。但是，正是这样一群看不起小事，只愿意在大事上下工夫的人最后却大事做不了，小事又做不好，最后把自己弄得高不成低不就的；反而是那些愿意做小事的人，一步一步通过自己的不断地积累让自己达到了做大事高度，在小事的积累中，也实现了自己做大事的梦想，并且获得了可观的薪水。

一个企业中不缺乏做大事的人，但是能够真真正正、踏踏实实做好每一件能给大事打下坚实基础的小事的人却不多。很多人为了逃避那些

琐碎的小事，不是偷工减料，就是直接逃开，试问，如果你自己开的公司请到了这样的员工，你会愿意继续支付薪水让他在你的公司混吃混喝下去吗？

企业的领导者除了制定发展战略、作出管理决策外，落实实际执行中的细节也是他们最重要的工作。真正优秀的领导者必须脚踏实地，积极了解并参与一些关键细节的执行，才能够准确及时地预见企业的发展目标是否能够实现，会遇到哪些阻力，原策略在哪些方面需要调整等，并根据实际的情况随时进行调整。

连一个公司的领导都对公司的任务的制定落实到了每一个细枝末节上，那么身为员工的我们又有什么权利可以忽视小事呢？

现代商业活动的成败，在很大程度上已经由细小的事情决定了。大笔的金钱投入下去，往往只为了赚取百分之几的利润，而任何一个细小的事情出现了失误，就可能将这些利润完全吞噬掉。其实在现实中，小事同样以各种方式影响我们的工作、生活。对于工作中的小事，我们没有理由不去重视。“蝴蝶效应”尤其能说明细小的事情能对全局产生巨大的影响。

在西方有一个流传甚广的故事：

那是发生在1485年的一件事情，英国国王理查三世准备和兰开斯特家族的亨利决一死战，以此决定由谁来统治英国。

战斗打响之前，理查派马夫装备自己最喜欢的战马。马夫发现马掌没有了，于是，他对铁匠说：“快点给它钉掌，国王希望骑着它打头阵。”

“你得等一等，”铁匠回答，“前几天，因给所有的战马钉掌，铁片已经用完了。”

“我等不及了。”马夫不耐烦地叫道。

铁匠埋头干活，从一根铁条上弄下可做四个马掌的材料，把它们砸平、整形，固定在马蹄上，然后开始钉钉子。钉了三个马掌后，他发现没有钉子来钉第四个马掌了。

“我缺几个钉子，”他说，“需要点儿时间砸两个。”

“我告诉过你我等不及了。”马夫急切地说。

“没有足够的钉子，我也能把马掌钉上，但是不能像其他几个那么牢固。”

“能不能挂住？”马夫问。

“应该能，”铁匠回答，“但我没有把握。”

“好吧，就这样，”马夫叫道，“快点，要不然国王会怪罪我的。”铁匠凑合着把马掌挂上了。

很快，两军交战了。理查国王冲锋陷阵，鞭策士兵迎战敌军。

突然，一只马掌掉了，战马跌倒在地，理查也被掀翻在地上。受惊的马跳起来逃走了，国王的士兵也纷纷转身撤退。这时亨利的军队包围了上来。

后来这个故事就被西方的人变成了一个童谣，告诫大家不要忽略那些看似不起眼的小事：

丢失一个钉子，坏了一只蹄铁；

坏了一只蹄铁，折了一匹战马；

折了一匹战马，伤了一位骑士；

伤了一位骑士，输了一场战斗；

输了一场战斗，亡了一个帝国。

在我们耳熟能详的许多名人传记中，你会发现，名人之所以成为名人，其实没有什么特别的原因，竟然仅仅是比普通人多注重一些细小事情的问题而已。东汉的薛勤曾说：“一屋不扫，何以扫天下？”令人深思。而儒家遵循“修身、齐家、治国、平天下”，讲的都是同一个道理：凡事皆是由小至大，小事不愿做，大事就会成空想。正所谓集腋成裘，必须按一定的步骤程序去做。“七个烧饼”的故事想必很多人听过：说的是有一个人买烧饼，吃了六个没饱，当吃到第七个时饱了，他觉得前面六个烧饼的钱都白花了，早知道如此，只要买第七个烧饼不就成了吗？这里面的哲学思想就是从量变到质变的过程，也许有些人无法上升到理论高度来阐述这个事实，但大家都明白，如果没有前面六个烧饼垫底，又怎么会有吃第七个烧饼就饱的结果呢？

天下的难事都是从易处做起的，天下的大事都是从小事开始的。海尔总裁张瑞敏先生在比较中日两个民族的认真精神时曾说：如果让一个日本

人每天擦桌子6次，日本人会不折不扣地执行，每天都会坚持擦6次；可是如果让一个中国人去做，那么他在第一天可能擦6遍，第二天可能擦6遍，但到了第三天，可能就会擦5次、4次、3次，到后来，就不了了之。有鉴于此，他表示：把每一件简单的事做好就是不简单；把每一件平凡的事做好就是不平凡。

所以，在工作中尤其要注重细节，从小事做起。正如一本书所说的："芸芸众生能做大事的实在太少，多数人的多数情况总还只能做一些具体的事、琐碎的事、单调的事，也许过于平淡，也许鸡毛蒜皮，但这就是工作，是生活，是成就大事的不可缺少的基础。"由此，我们在工作中需要提倡注重细节，把小事做细、做实。也只有这样你才会得到自己满意的薪水。

关键八　态度决定一切，用正确的态度来完成工作

态度是我们在做工作前首先需要思考的问题。我们要以一种什么样的态度工作？态度决定了我们工作最后得到什么样的结果。如果我们将我们的态度放在一个积极主动的层面上，那么我们必定能够收到满意的结果；如果我们将它放在一个消极怠慢的层面上，那么我们的结果必然也好不了，薪水就更不用说了。

态度决定了我们最后的结果

在公司里，员工与员工之间在竞争智慧与能力的同时，也在竞争态度。一个人的态度直接决定了他的行为，决定了他对待工作是尽心尽力还是敷衍了事，是安于现状还是积极进取。一个人的态度在很大程度上也决定了他的薪水水平。

在我们每个人走出学校，刚刚跨入社会，进入公司的时候，每一个人都是心中抱着雄心壮志，要在职场上打下一片自己的江山，让千人瞩目，万人兴叹。但是，当时间一天一天流逝，而改变只存在于我们看不见、摸不着、感受不到的过程中，我们不知道成功的那一天何时才能够到来，因此，就像再激烈的爱情也抵不过岁月的冲刷一样，我们火一样的激情也会被时间这一缕涓涓细流慢慢地降温，失去了往日的活力。

明光在大学毕业后进入一家IT公司做程序员。刚参加工作时，年少

轻狂，敢作敢为，对于所作的选择充满自信，对于完全陌生的工作无所畏惧，充满新鲜感、激情和憧憬，每天早来晚走，干得开心、快乐。他很快就能独当一面了，不但牵头做了两个好项目，还解决了一个废弃项目存在的问题，使那个项目重新上马，因此，他被公司授予开创奖。他站在领奖台上，对大家说："我愿意为喜欢的事业付出一生。"

没想到3年以后，情况发生了截然相反的变化。程序员的工作虽然很有创造性，也极富有挑战性，但毕竟很枯燥和乏味。他逐渐发觉闯劲儿不在了，他对熟悉的工作日生厌烦，甚至产生了抵触情绪，遇到问题也不积极地去解决了。本来因起早贪黑拼命工作而带给他的高薪水让他很有成就感，现在却成了精神负担，让他渐渐感到疲惫不堪。每天朝九晚五地上班下班，无论刮风还是下雨，无论身体是否舒服，都要急匆匆地赶公交车，都要准时出现在公司打卡机前，都要没完没了地编制一串串的编码，直到头昏眼花、胃痛心焦……他不知道这种日子什么时候才能熬到头，并且因为这种态度影响了工作质量，后来公司再也没给他加过薪。

于是，他向经理提出想换个部门，没想到遭到了拒绝。于是他开始用消极的态度对待工作，再也没有了才开始工作时的那种激情。最后，他只能无奈地离开公司。

这就是一个人的工作态度所带来的巨大影响。如果一个人在对待某件事情的时候，他的态度是积极的、主动的，那么事情就会朝着好的方面、他所期待的方面发展；如果一个人对待事情的态度是消极的、悲观的，那么，事情的结局也必然无法成为一个让人开心的结局。所以，这就是态度的重要性，我们对事情的态度决定了我们最后将得到什么样的结果。

每个人都有不同的职业轨迹，有的人成为公司里的核心员工，受到老板的器重；有的人一直碌碌无为，不被人知晓；有些人牢骚满腹，总认为自己与众不同，而到头来仍一无是处……众所周知，除了少数天才，大多数人的禀赋相差无几。那么，是什么在造就我们、改变我们？是"态度"！态度反映内心的一种潜在意志，是个人的能力能否发挥出来的推力。当我们对待我们的工作有着一个积极的态度的时候，那么我们的工作就成功了一半；而当我们对我们的工作抱有消极的态度的时候，我们的工作也就注定了将要以失败告终。

米卢曾经在中国队进行执教的时候说过："态度决定一切！"没错，我们每一个人对待工作的态度都会直接影响到我们这个工作的工作质量和工作的风格。每一个工作都是一个能够叙述的工作人情感的表白器，你的热情、你的努力、你的消极、你的懈怠，这些情绪都能够从你的工作风格中表露无遗。精神状态好的，能够让他的老板也能感受到他工作时的愉悦。但在公司中，许多员工则对工作粗心大意、敷衍了事，从不认真要求自己，只求速成，不管质量，即便是犯了错误也不在乎，唯独对薪水特别在乎。这是任何一个老板或领导都无法容忍的。因此，抱有一个积极的态度对于我们的工作而言简直是插上了一对能够让你在高空翱翔的翅膀，它就像给你指明人生之路的灯塔。

在一次航行中，由于海风袭来卷起很大的浪潮把船打沉了，船上人员死伤无数。有一个人却侥幸得到了一个救生艇而幸免，他的救生艇在风浪上颠簸起伏，他迷失了方向，救援人员也没有找到他。

天渐渐黑下来，饥饿、寒冷和恐惧一起袭上心头。灾难使他除了这个救生艇之外，一无所有，甚至自己的眼镜也丢了，他的心变暗到了极点，无助地望着天边。

忽然，他看到一片片阑珊的灯光，他高兴得几乎叫了出来。他奋力地划着救生艇，向那片灯光前进，然而，那片灯光似乎很远，天亮了，他也没有到达那里。

但是他没有死心，仍然继续艰难地划着小船，他想既然能看到那里的灯光，那就一定是一座城市或者港口，生还的希望在他心中燃烧着。

白天时，灯光看不清了，只有在夜晚，那片灯光才在远处闪现，像是在对他招手。

就这样，3天过去了，饥饿、干渴、疲惫更加严重地折磨他。有几次他都觉得自己快要崩溃了，但一想到远处的那片灯光，他又陡然增添了许多力量。

第4天，他依然向着那片让他有生还希望的灯光划着。最后，他实在是支撑不住了，昏倒在了艇上，即便如此，他脑海中始终闪现着那片

灯光，依然认为自己能够活着到达那片有灯光的港湾或码头。

到了晚上，终于有一艘经过的船把他救了上来。当他醒来时，大家才知道，他已经不吃不喝在海上漂泊了4天4夜。

当有人问他是怎么坚持下来时，他指着远方的那片灯光说："是那片灯光给我带来了希望。"

我们在工作中，就像在人生的路上一样，都会有很多的东西让我们的心情或者情绪跌落到谷底，让我们对前路很彷徨，茫然不知道该往何处去，也会有遇到很多受挫的时候，觉得自己曾经的努力都白费了。很多人到这时候就会把积极的工作态度转变成为消极的态度，只是一味地应付工作，而不是真正、主动地、心甘情愿地工作。在我们的工作中出现这样的瓶颈期的时候，我们千万不要放弃我们那乐观、积极的工作态度。我们应该抱着即便现在不顺利，我也要好好地把我的工作做好，把我的人生过得饱满、有力度。当我们心存这样的想法的时候，那么瓶颈期很快就会随着你的"不在乎"而自动消失。如果我们真的将不顺利看得十分严肃又沉重的话，我们的工作不但会让我们感觉到枯燥，甚至生活也会让我们感觉很是单一乏味，然后慢慢地失去对生活的希望和期待，成为一具没有活力的行尸走肉。

同样在一个公司里也是这样，办公室、商店、工厂里，随处可见一些职员散漫拖沓，似乎连走路都要费很大的劲，让人觉得，对他们来说生活是一个沉重的负担。他们厌恶自己的工作，希望一切都快些结束，他们根本就不清楚，为什么别人能充满热情，干劲十足，自己却总是觉得不管什么事情都那么乏味无聊。老板看着这样的员工干活，简直就是受罪，又怎么会给你高薪呢！

而那些充满乐观精神、积极上进的员工，做什么事情都是干劲十足，神情专注、心情愉快，自己创造机会、把握机会，一心想把任务完成得更好。对工作的不同态度，或认认真真，或充满热情，或不冷不热，或专注投入，或冷漠淡然，其最终的结果有着天壤之别，薪水自然也会有着天壤之别。

每一个老板会自然而然地觉得，兢兢业业、神情专注、充满热情的员工更加值得信任，每一次职位或薪水的提升对他们都是莫大的鼓励。

这些员工的积极心态也往往会感染他的老板，老板也知道，这样的员工在竭尽全力帮助自己，并且他们的表现对那些散漫拖沓的员工也是一种激励。那么，老板为什么不给拥有积极心态的员工加薪呢？

我们要像成功人士那样，对工作充满期待，每一个工作任务都认真对待、关注，每做一件事情都全身心地投入，充满热情，那么，我们也将终会迎来成功的那一天。

以正确的态度对待工作必将得到所期望的结果

现在很多人都说一句话“我们现在活的就是一个心态”。没错，现在人活的就是一个心态。今天的社会，竞争压力、工作压力、生活的重担，一个个都无情地压在了我们的身上。这些压力不会理会我们的双肩是否能够将它们扛起来，只会随着自己的意愿不断地往你的身上压过来。通常当压力不断增大，人的精神承受力就不断地减小，因此，在今天的社会中、公司里，听到的抱怨声多于欢笑声，面无表情或者说愁眉苦脸的人永远都比笑脸的人多。但是，如果我们拥有一个良好的心态，并将它运用在我们的工作中，那么我们的工作顺利了，生活顺利了，薪水上涨了，笑脸自然就多了。

在工作中，总有接连不断的问题等待我们解决，而问题总是意味着不确定性、怀疑和困难，所以，我们往往害怕面对问题，于是选择逃避和推卸。害怕问题有很多心理原因，比如，面对错综复杂的现象无法作决定，面对各种方案无法制定决策、害怕出错误、不想承担责任、害怕无法完成，等等。其实，任何人在解决问题之前，都不可能提前把所有问题都了解清楚，所以会出现问题是正常的。

其实，一个人成功与否，并不取决于外界的环境，而是取决于自己的工作态度。心态积极的人，面对问题和困难，总是信心大于担心，一旦以消极的心态面对，你的命运就可能发生巨变。拥有积极心态的人会对工作中的难题迎面而上，将它看成是对自己的一个能力的考验，而不

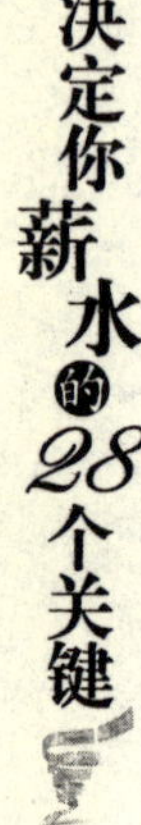

是想要压垮自己的巨石，不是挡在未来生活中永远也无法逾越的大山。当我们以一种挑战者的身份去挑战难题的时候，我们又何愁把这个难题解决不了呢？如果你将它看成了一座你永远也无法逾越的高山，那么高山永远在这里，你的薪水不会再涨，你的人生也将在这里止步。

阿里巴巴商务网站的CEO马云，刚刚建立公司时，他对网站一点也不了解，身边也没有会做网站的人。他的想法还遭到了身边家人朋友的强烈反对。马云最后还是决定放手一试："做一件事，无论失败与成功，总要试一试，闯一闯，不行你还可以掉头；但是你如果不做，总走老路子，就永远不可能有新的发展。"

1995年4月，马云创建了中国最早的互联网公司之一"海博网络"。公司建立伊始，事事都要马云亲自打理，还要早早出去推销他的网络黄页，说服企业付钱将自己的基本信息登上网去。这个过程十分困难，绝大部分人都不知道什么是互联网，更不知道把自己公司的信息登上去会有什么好处。马云被当成骗子，吃了不少闭门羹。

马云并没有因为这些"闭门羹"丧失信心，他相信自己不可能永远被人拒绝，每天都干劲十足。考虑到别人不敢和自己做生意是对自己缺乏信任，他开始采取"熟人战术"，将中国黄页介绍给朋友。通过朋友的关系，马云终于接到了第一笔活——和杭州望湖宾馆合作。经过一系列的努力，马云的坚持终于有了回报，尽管他在拓展业务时，还是经常碰壁，但他同时也欣喜地发现：对中国黄页感兴趣的人和公司越来越多了。到1997年年底，马云的海博网络便收获了700万元的利润。

马云曾这样说过："每次打击，只要你扛过来了，就会变得更加坚强。我又想，通常期望越高，结果失望越大，所以我总是想明天肯定会倒霉，一定会有更倒霉的事情发生，那么明天真的有打击来了，我就不会害怕了。你除了重重地打击我，又能怎样？来吧，我都扛得住。抗打击的能力强，真正的信心也就有了。"

事实上，挑战之中就含有忧虑和恐惧成分，关键在于如何去克服它。成功人士的可贵之处就在于他们敢于向忧虑和恐惧进攻，他们善于控制忧虑和恐惧，而不是为其所控制。

每一个员工都希望自己成为老板。问题出在大家都坐等机会来临，机会是不会光临守株待兔的人的，只有积极进取、善于把握机会的人才能抓到机会，也才能拥有更高的薪水。

或许你现在坐在椅子上阅读本章时会说："你说得很好，但是我的环境不同，公司不允许我去冒险。"这种观念也就是你最大的敌人。你在这种情形之下，更应当冒更大的险，越是平平庸庸的人生越需要冒险。你的弱点要靠坚强来治疗它。不妨做些出人意料的事，必要时破窗而出。现在就开始!

公司中大多数员工不敢挑战，他们熙来攘往地拥挤在平平安安的晋升大路上，四平八稳地走着，这路虽然平坦安宁，但距离人生风景线却迂回遥远，他们永远也领略不到奇异的风情和壮美的景致。他们平平庸庸、清清淡淡地过了一辈子，直到走到人生的尽头也没有享受到真正成功的快乐和幸福的滋味。他们只能在拥挤的员工中争食，闹得薄情寡义，也仅仅是为了保住工作。其实这样并不安全，因为仍然要承受失败与被老板炒了的风险。

在工作中，我们要有能够接受挑战的姿态。每一项交给我们的工作都不是轻轻动一下手指头就能够轻易完成的工作，因此，每一项工作对于我们而言就是一项挑战。在接受挑战的过程中，我们不要将它们看做是一个无法逾越的难题，让我们对这个难题望而却步，不敢提起勇气去迎接它，而应该将它们看成是一个让我们成长的机会，当我们能够运用我们的智慧和在我们的不懈努力下成功地完成各项挑战时，那时候，我们的实力就在这一次次的挑战中变得不断雄厚。

逃避工作中的问题并不能让我们的职业之路走得顺利，反而是迎难而上，更能使得我们今后的道路越走越宽，越走越顺。一个正确的工作态度是我们在职场中获得高薪和成功的必备条件。

关键九　服从工作安排，全力以赴完成工作

在西点军校，即使是立场最自由的旁观者，都相信一个观念，那就是“不管叫你做什么都照做不误”，这样的观念对训练服从精神有莫大的帮助。在新生的训练中，西点的教官会告诉他们：战士的生命意味着责任，你必须服从命令，并且时刻准备着。当冲锋号吹响的时候，你必须出发，哪怕是赴汤蹈火，也不能有任何的犹豫或退缩。这种精神不仅是军队需要的，也是一个企业希望它的每一个员工具备的。

服从公司对你的工作安排

公司对于每一个员工都下达了不一样的任务。这些任务没有好坏之分，没有优劣之别，这些工作任务对于公司而言都是支撑它准确运作的动力，缺少或耽误了一个就有可能对公司的运营造成不好的影响。这个道理每一个员工都应当铭记于心。

很多时候，我们在公司里都能听到这样的抱怨声：“为什么把这样的工作安排给我呀？”“凭什么他就做那么轻松的工作，我做这么复杂，又吃力不讨好的工作呢？”等。这样的抱怨声我们时常都能从一两个员工的嘴里听到。在他们的眼里，工作是有优劣之分、好坏之别的。

如果我们每天都对我们需要做的事情抱着这样的想法来加以区别的话，这样的人也很难在工作中取得任何进步，他们的薪水也只能永远停留在那个档次，永远无法得到提升。

不一样的人，他们的能力是不一样的，他们所擅长的事情也是不一样的。有的人长相甜美，声音动听，公司就有可能将这样的人安排与外界接触，这样更能赢得外界对公司的好感；有的人擅长交际谈判，那么公司就会安排这样的人去作公司项目的洽谈，这样就增大了公司赢得一场谈判的可能性；而有的人擅长于技术研发等方面的技术工作，那么就将他们安放在产品研发部门，为公司创造新的产品。

正因为每一个人所擅长的方面不一样，每一个人的工作能力参差不齐，所以才能使得一个公司里的所有员工，各展其才，各尽其用。公司才能够顺利的运作，才能够创造出收益。

张旭是某公司业务部主管，手底下管着将近一百人，地位显赫，而且工资提成又高，很让人羡慕，可是没等张旭高兴几天，公司人事部就下达了一份人事调动命令：业务部主管的职位由另外一人代替。张旭则被调到分公司担任一名基层主管。因为分公司刚刚开始运转，一没市场，二没资源，一切都要从头开始，其困难程度可想而知。张旭的待遇可谓从天上掉到了地下。公司的同事纷纷断定张旭不愿意去，甚至老板也在怀疑张旭能不能服从自己的命令，就在大家相互猜测的时候，张旭很爽快地收拾好自己的东西，到分公司报了到。张旭此举让人大跌眼镜。可是张旭却说："既然我在这个公司工作，听从老板的安排是我的本分，如果连这一点都做不到，我就不是一个合格的员工，还拿什么薪水。"老板听了张旭的话，感动地连说"好"。半年之后，分公司开始运转正常，张旭又被调回总公司，这时他的职位是业务部经理，薪水又涨了一大截。

服从和执行似乎只属于军人，其实不然，它们也属于身在职场的员工们。很多员工并不相信这个观点是正确的，其实检验观点的方法很简单：看看成功者的足迹。从他们身上我们就可以看出成功的奥秘：他们都善于服从和执行。

企业在寻找能完成任务的员工时，首先强调的也是服从。没有服从，一切的目标、纪律将变得毫无意义。没有服从意识的员工是一个不合格的员工。商场如战场，每一名合格的员工都应该无条件服从上级对他的安排，就如同在军队中军人服从领导对他的安排一样。大到一个国家、

军队，小到一个企业、部门，其成败很大程度上就取决于是否完美地拥有服从的意识。服从是行动的第一步，处在服从者的位置上，就要遵照指示做事。服从的人必须暂时放弃个人观念，全心全意去遵循所属机构的价值观念。一个人在学习服从的过程中，对其机构的价值观念、运作方式，也会有更透彻的了解。

一个优秀的员工必须有服从意识，因为老板的地位、责任使他有权发号施令；同时老板的权威、整体的利益，不允许别人违抗命令，别忘了，他是给你发薪水的人。一个团队，如果下属不能无条件地服从领导的命令，那么在向共同目标前进时，则可能会产生障碍；反之，则能发挥出超强的执行能力，使团队胜人一筹。

服从并不是简单地听取命令，一个人在学习服从的过程中，会学到很多东西。西点军校向学生所教授的“服从”绝不仅仅只是单一的“听话”，也不单单的是机械地遵循上级的指示而采取对应的行为。服从需要我们个体付出相当大的努力，它需要在一定程度上的牺牲个人的自由、本身的利益，乃至是自己的生命。服从，是一个领导者也必须接受的严峻的考验。西点强调服从，是通过服从统一意志，统一行动，从而达成制定的目标。

同样的，在公司的运行上也需要这样的“服从”精神。一个公司就是一个有机整体，它内部有着许许多多的小部件，这些小部件同时按照相同的步调才能使得整个公司向前行驶的车轮转动。这样的有常规的转动靠的是大家共同的协作精神，不对领导发出的命令提出质疑，即便有所质疑也绝不从行动上体现出来。因为，任何一个小小的疑心，任何一个从行为上表现出来的疑惑都会使整个行动受到一个人的牵制。

不要认为你在公司微不足道，小瞧自己在公司的运行上起到的作用。任何一个员工在公司的作用就好像是一架机器上的拨片，如果你这个拨片出现了迟疑，停止了运行，那么所有后面的拨片都没有办法拨动齿轮，即便你的迟疑不会影响其他拨片的工作，但是，整个设备的效能已经远远比不上大家各就各位，全力行动时所拥有的效力和能量那么强大了。

优秀员工和普通员工的区别在于，普通员工一般都会这么想：“公司和老板为我做了些什么?”而那些优秀员工则会想：“我能为老板做些什么?”大多数人都认为尽自己的能力完成分配的任务，对得起自己的薪水就可以了。但是，其实这还远远不够，要想取得成功，必须付出更多，才能获得更多。

刚开始工作的时候，你从事的只能是很琐碎的工作。如果一个人在工作时能全力以赴，不计较眼前的一点利益，不偷懒混日子，服从公司对你的工作安排，即使现在你的薪水十分微薄，未来也一定会有所收获。注重现实利益本身并没有错，问题在于现在的年轻人过分短视，而忽略了个人能力的培养，他们在现实利益和未来价值之间没有找到一个平衡点。你只有全力以赴地工作，才有可能得到提拔和重用。

 竭尽所能完成工作是员工的义务

有人曾说：“工作是我用竭尽我生命中所有的努力去做的事。”对于工作，我们又怎能去懈怠它、轻视它、践踏它呢？我们应该怀着感激和敬畏的心情，尽自己的最大努力，把它做到完美。而且，从我们被聘请到公司的哪一刻，我们已经属于公司，我们有义务为公司的任何工作付出自己的辛劳和汗水，我们应当认识到，我们应该要不惜一切努力竭尽所能地完成公司安排给我们的工作，这样才能获得薪水。

服从就是我们履行公司员工义务的一个开始。只有当服从公司对我们的一切的安排之后，我们才是从心里面真真正正地做到了自己端正了自己工作的态度，认清了自己在工作中的责任，并愿意在工作中履行这份义务。

据了解，每一个行业的领导人物都认为第一流的人才非常欠缺，根据可靠的材料显示，社会上仍有许多高级职位在等你。有一个主管曾说，资历很好的人实在很多，但都缺乏一个非常重要的成功因素，这就是执行能力。

每一个工作——不论是经营店铺、高级推销工作或在科学领域、军事领域、政府机关工作——都要脚踏实地、懂得服从的人来执行。主管

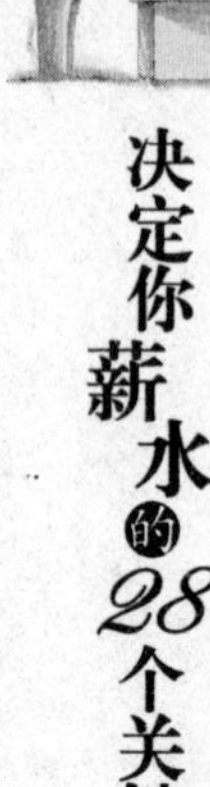

在聘用重要职位上的人才时，都会先考虑下面这些，然后才决定是否聘用。这些问题有："他懂得服从吗?""他会不会坚持到底把事情做完?""他能不能独当一面，自己设法解决困难?""他是不是有始无终，光说不做的那一种人?"

因此，在这里，要告诉大家，学会服从，不断去完善自己的执行能力。服从是执行力的表现，无论做什么事情，都要记住自己的责任和义务，无论在什么样的工作岗位，无论老板对你安排的是什么工作，都要对自己的工作负责。

要生存就必须精神饱满地去奋斗。人生就是一场勇敢的战斗，每一个人都必须有高昂的斗志和坚不可摧的决心，每一个人都必须坚守自己的岗位，在必要的时候，可以放弃自己所有的东西。正如古代的英雄一样，一个人应该"具有坚强的意志，敢于当机立断，大胆尝试，在履行自己义务的过程中毫不动摇"。潜藏于每一个人身上的意志力量，无论大小，都是上天赐予人类的礼物。我们既不能在使用过程中让它日渐凋谢，也不能为了某一崇高的目的而滥用它。一个人的真正伟大之处并不在于仅仅追求自己的幸福快乐、自己的名誉和进步——"一个人并不能够只为自己生活，也不能一门心思去沽名钓誉，而应该恪尽职守，履行自己的义务"。

在工作中的我们依然如此。工作就是我们一生为之奋斗的事业，是支撑我们物质生活的来源，是支撑我们精神生活的养料。当我们从工作中获取物质与精神的双重丰收的时候，我们也应该竭尽我们的全力去完成我们的工作，去达成每一个工作目标。只有当我们真真正正为我们的工作竭尽全力去对待、去完成的时候，我们才算是履行了自己对于工作应当尽的那份义务，也对公司支付的薪水作出了相应的回报。

虽然我们竭尽全力去完成我们的工作，履行我们的义务，并不能马上地看到金钱上的回报，但是，总有一天，你可以从它那儿看到你自己的付出没有白费，它会对你的认真努力作出相应的答复。

虽然薪水是对我们工作的成果和我们义务的履行度所作出的一种答复形式，但是，我们不能把我们的所有目光都锁定在上面。当我们的眼中只有金钱，只有薪资的数额的时候，我们做出的努力程度将大打折扣，我们对我们义务的履行也会由此而产生迟疑。只有当你真的将工作真正作为一种自己应当履行的义务来对待的时候，无关于金钱的多少，只是一种义务，这时候，你就能真正地达到竭尽全力的境界，你的工作才能也将在这时候得到公司的认可和赏识，随之而来的，便是可观的薪水。

一个漆黑的大雪天，约翰·格林中士正匆匆忙忙地往家赶。当他经过公园的时候，一个人拦住了他。

“抱歉，打扰一下，请问您是军人吗？”他看起来很焦急的样子。

“噢，当然，我能够为您做些什么吗？”约翰不知道发生了什么事情。

“是这样的，刚才我经过公园的时候，看到一个孩子在哭，我问他为什么不回家，他说他是士兵，他在站岗，没有命令他不能离开这里。

“原来他们是在玩一种游戏，可谁都不知道和他一起玩的那些孩子都跑到哪里去了，大概都回家了。天已经很黑了，雪下得这么大。”他忧虑地说，“我对他说，你也回家吧，你的伙伴都已经走了。他说不，他必须得到命令才能离开，站岗是他的责任。我怎么劝他回去，他也不听，只好请先生帮忙了。”

约翰和这个人一起来到公园，在一处不显眼的地方，有一个小男孩儿在那里哭，但却一动不动。

约翰走过去，敬了一个军礼，然后说：“下士先生，我是中士约翰·格林，你为什么站在这里？”

“报告中士先生，我在站岗。”小孩儿停止了哭泣，回答说。

“天这么黑，雪这么大，为什么不回家？”约翰问。

“报告中士先生，这是我的责任，我不能离开这里，因为我还没有得到命令。”小孩儿回答。

“那好，我是中士，我命令你回家，立刻。”约翰的心为之震了一下。

“是，中士先生。”小孩儿高兴地说，然后还向约翰敬了一个不太标准的军礼，撒腿就跑了。

约翰和这位陌生人对视了很久。最后，约翰说：“他值得我们学习。”

小男孩的倔犟和坚持看起来似乎有些幼稚，但他那尽职尽责的使命感的确值得人们学习。虽然只是游戏，但是小男孩参与了这个游戏，那么他就应该为他在游戏中所扮演的角色尽他应当尽的义务。无论从事什么职

业，只有全心全意尽自己的义务工作，才能在自己的领域里出类拔萃。

作为一名员工，如果你在工作中能刻苦、有忍耐力，并处处替雇主考虑，如果他随时随地都能努力想出些明智、创新、完善的方案来为公司争得荣誉、赢得利益，那他的老板自然会重视他，也会重视他的薪资水平。没有一个老板不喜欢勤劳卖力、倾尽全力工作的员工，他们时时在观察员工是否够用功、够努力。老板对于员工的勤奋程度、做事的成效，都知道得一清二楚。任何工作不努力、错误不断的员工都逃不过他的眼睛，迟早都会被发现。大部分老板对员工的品格也知道得很详细，他明白谁会寻找机会偷懒，谁习惯在老板面前假装卖力。最容易让老板信任的员工总是能做到认真工作、从不怠惰，竭尽自己的全力去履行自己应当尽到的义务。今天我们所看到的那些能够身居高位、被称做是成功人士的人们，他们都会主动地履行自己工作上的义务，分担工作的重担，竭尽全力来协助自己的上级完成工作上的任务。

只要我们细心观察就不难发现，一个对工作斤斤计较，对自己的工作花费了多少的心血就要得到多少的金钱回报的人，那样的人往往都处在这个公司的下层。由此我们可以得出这样的结论：这样的人是不得上级领导或老板的青睐的。而那些忘却自己的个人利益，一心一意扑在工作上，竭尽所能完成工作的人，往往都是那些身居高位，薪资优厚的成功人士。

关键十　对待自己的工作要忠诚，一心一意为它拼搏

如果说，智慧和勤奋像金子一样珍贵的话，那么还有一种东西更为珍贵，那就是忠诚。一位成功者说："所有履历都必须排在忠诚之后。"还有一位成功学家说过这样一句话："忠诚会助你取得成功。"确实是这样的。忠诚是一种美德，一个对公司对老板忠诚的人，对自己工作忠诚的人，这样的人才能取得成功，才能取得事业上的突破。

忠诚不是口号

今天，我们很多人都把真正需要做到的事情口号化，比如我要努力工作，我一定能够取得成功，我对工作绝对忠诚，诸如此类，等等。但是我们的生活中并不是靠着一个两个或者成百上千个口号支撑起来的。如果我们的生活中没有实际的行动，那么口号只是一个空壳，它对我们每一个人，对这个社会都没有任何实际意义。同样的，我们每天高喊着对工作忠诚也不是一句口号，它不是一句空话，它要我们用实际行动来证明。

对公司老板来说，他要求普通员工对公司要有责任心，中层员工不仅仅要有责任心还要有上进心，高层员工不但要适应公司的发展规划，还要把公司当成是自己的公司，把公司的荣辱看做是自己的荣辱，全心全意为公司工作，对于工作中的细枝末节也不能掉以轻心。所以，在公

司里的职位越高，对忠诚度的要求也会越高。你对公司越忠诚，公司也会越重用你，自然会给你高薪。

“忠诚已不仅仅是品德范畴的东西了，它更成为了一种生存技能。如果一个人失去了对共生伙伴的忠诚，那他就失去了做人的原则，失去了成功的机会。”

忠诚是国家的需要、老板的需要、企业的需要，但它更是个体的需要，个体依靠忠诚立足于职场。忠诚不是一种纯粹的付出，忠诚会有忠诚的回报，个体是忠诚的最大受益人。虽然你通过忠诚工作所创造的价值中的大部分并不属于你个人，但你通过忠诚工作所造就的忠诚品质，却完完全全属于你个人，你因此在人才市场上更具竞争力，你的名字因此更具含金量。

在某次爆发经济危机的时候，有一家制鞋厂的工人闹着要罢工。工人们组织起来，推举了两位代表向老板要求增加百分之十五的工资。其实，当时的工厂前途也不容乐观，只能勉强维持下去，根本没有能力增加工资。如果要加工资的话，工厂就会陷于破产的境地。但工人们怎么会理会这些呢？于是，两位代表就理直气壮地来到了老板办公室的门口。老板平静地与两位代表分别进行了交谈。老板真实地坦露了工厂目前的处境，并请求工人们与工厂同舟共济，共渡难关。但两个代表的态度却截然不同。

第一位代表大致浏览了一下账目，发现工厂的确没有多少赢利。他是个明理的人，于是他对老板说：

“老板，我现在明白了。您也有您的难处，现在是工厂的困难期，我们员工应该和工厂站在一起。我不会再提加工资的要求了。”

而第二位代表的态度却很强硬。他强调说：“如果工厂不加工资，那我们就辞职。离开了这里，我们也不会饿死的。”

后来，当老板把工厂的实情坦率地告诉工人们后，大多数通情达理的工人都留了下来，默默地走上了自己的工作岗位。最后，只有少数工人离开，其中就包括那个牢骚满腹的第二位代表。而后，罢工的风潮慢慢地平息了下来。再后来，经济危机也过去了，工厂的效益也越来越好。在没有任何人抱怨的情况下，员工的工资都普遍地提高了。

罢工风潮把那些不稳定分子带走了，他们中有的人在别的公司立下了脚跟，有的仍然在寻找着适合自己的工作。而那位喜欢出风头的代表，却一直没有找到接纳他的企业。后来，他连交房租的钱都没有了，只好在大街上流浪。在留下来的那些工人中，有少数人得到了提拔。其中那位明理忠诚的代表由于其表现一直很优秀，最后被晋升为公司经理。

这一切都发生得那么自然，却又那么真实。罢工风潮中的两位代表，他们曾经站在同一起跑线上，但态度和立场的不同却使他们的结果大相径庭。那些忠于公司，能与公司风雨与共、同舟共济的人，总会笑到最后。

世界上到处都是拥有才华的“穷人”。只有才华，没有责任心，缺乏忠诚的人，很难在公司里获得长足的发展。在现实生活中你能看到，很多公司在招聘员工时，最看重的还是个人品行，你的个人能力再强，要是个人品行恶劣，公司还是不会聘用你的。个人品行恶劣的人是对自己的不负责，一个对自己都不负责的人，是没办法完成老板所赋予的任务的。

显而易见：如果你为一个人工作，真诚地、负责地为他工作，他肯定不会亏待你，你将获得丰厚的报酬。他让你得以温饱，从而解决了你的生计问题，你就应该赞美他、感激他、支持他，和他站在一起。

下级对上级的忠诚、员工对公司的忠诚可以增强老板的成就感和自信心，可以增强集体的竞争力，使公司更兴旺发达。因此，许多老板在用人时，既要考察其能力，更看重个人品质，而品质最关键的就是忠诚度。一个忠诚的人十分难得，一个既忠诚又有能力的人更是难求。忠诚的人无论能力大小，老板都会给予重用，这样的人走到哪里都有条条大路向他们敞开；相反，能力再强，如果缺乏忠诚，也往往被人拒之门外。毕竟在人生事业中，需要用智慧来作出决策的大事很少，需要用行动来落实的小事甚多。少数人需要智慧加勤奋，而多数人却要靠忠诚和勤奋。

忠诚是人类最重要的美德。那些忠诚于老板、忠诚于企业的员工，都是努力工作、绝对服从、不找任何借口的员工。在本职工作之外，他们还积极地为公司献计献策，尽心尽力地做好每一件力所能及的事。而且，在危难时刻，这种忠诚会显现出它更大的价值。能与企业同舟共济

的员工，他的忠诚会让他达到我们想象不到的高度。

如果你受雇于某个公司，就向上帝发誓竭尽全力地为它工作吧！如果你的老板发给你足够多的薪水去购买食品，那就得全心全意地为他工作，尊敬他，让他在你头脑中的形象完美无缺，用你的行动去表达你对公司、对工作的忠诚，用废寝忘食回报他及公司对你的信任。如果我们在为某人工作，我们就应该要求自己对工作恪尽职守，不容许有半点马虎，更不能对它挑三拣四。否则还不如什么都不做。

一个人，不管他智慧多么超群，也无论他的能力如何，没有忠诚，就无法为一个团体和一个企业贡献他的力量。这样的人也不可能被团体和企业接纳。忠诚不仅是一个人道德水平的体现，它同时也是个人魅力的展现。没有一个老板不喜欢忠心耿耿的部下，没有一个人不喜欢忠诚的人。忠诚，可以为你赢得信任和尊重。

Jerry是一个大型IT公司的程序设计员。一天，公司通知他回家待岗。他和他的同事对此都很意外，因为Jerry一直以来都很敬业，业务水平也很高。这个消息对于Jerry来说无异于晴天霹雳，本来就拮据的生活因此变得异常窘迫。

被辞退一周以后，Jerry连续几天都接到了邀请他去自己公司上班的电话。他们的大致意思都是：你是个优秀的程序设计员，虽然你没有什么名气，但行内都知道你，我是你原公司的竞争对手，希望你能带着你以前的设计程序，到我们公司来上班，我们会给你比原来高几倍的薪水。

Jerry断然拒绝了这几个公司的“好意”，并为公司有如此多的对手而担忧。

一个星期后，Jerry很意外地被通知去上班，老板把代表公司最高荣誉的奖章——忠诚奖章发给了他，同时，老板还提拔他为程序设计处主任。

原来，那几个电话，都是原公司安排人打的，那不过是公司的高级主管任命前的考察而已。

不要指望有任何不需付出的回报，忠诚是一条双行道，付出一分忠诚，你将收获双倍的忠诚。

对于公司来说，忠诚会使公司的效益得到大幅度的提高，还能增强公司的凝聚力，使公司更具竞争力，能让公司在变幻莫测的市场中更好地立足。对于员工来说，忠诚能使员工更快地与公司融为一体，真正地把自己当成是公司的一分子，更有责任感，对将来更加自信。

世情复杂，人心难测，每个人对人生的理解都不尽相同。人们往往会这样认为，忠厚老实的人总是软弱无能，而那些阴险狡诈之人往往则风光无限。事实上，这种看法是错误的，人们往往只看到了事物的表面现象，事物的本质却没有看明白。那些投机取巧的人不可能拥有高尚的品德，而忠诚的人也不会拥有不良的习惯。忠诚的人因为拥有高尚的品德可以享受投机取巧之人所没有的人生乐趣，阴险狡诈、投机取巧的人则不可避免地要承受着作孽后的报应。

现在公司里的年轻员工们丧失了成就事业最宝贵的忠诚，变得心浮气躁，凡事浅尝辄止，遇难而退，又或者这山望着那山高，空有远大理想，无心执著追求。这些员工每天只想着怎么能够赚取更多的钱，怎么才能攀上更高的地位，但是却从来没有想过其实路就在脚下，不用跳来跳去，只要你对你的公司忠诚，对你的工作忠诚，只要用尽自己的心力为公司、为工作付出，公司自然能够看得到，工作自然能回报给你满意的薪水。

员工不能没有忠诚，一个不忠诚的员工是一个有缺陷的员工。忠诚于自己的公司，忠诚于自己的老板，跟公司的同事们和睦相处，共同进退，这样就能使集体的力量得到进一步的增强，而他的人生就会变得更加的丰富多彩，他的事业也会相应地得到更多的成就感，工作也会理所当然地成为一种享受。而那些整天在背后议论他人是非，说三道四，挑拨离间的人，只会陷入困惑之中，最后无法跟他人和睦相处，最终将自己孤立起来。老板不重用他，同事不愿意跟他共事，在公司里不断失去提升的机会，受伤的总是他自己。多做一些对他人有益的事情吧，你多付出一分，他人就会相应地要对你承担一分义务。你忠诚于你的老板，你的老板将会更加看重你。

一分忠诚相当于一分智慧，拥有了忠诚，你的才能和智慧才会有用武之地。任何公司、企业都会要求员工最大努力地投入工作，创造效益。其实，这不仅是一种行为准则，更是每个员工应具备的职业道德。可以

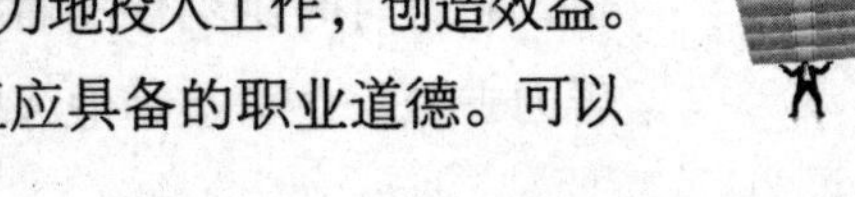

说，拥有了职责和理想，你的生命就会充满色彩和光芒。既忠诚又有能力的员工，这种人不管到哪里都是老板喜欢的人，都能找到自己的位置；而那些三心二意，只想着个人得失的员工，就算他能力无人能及，老板也不会委以重任的。

不要把忠诚仅仅只是看做是一个口号，这个口号需要我们靠我们的行为来证明它的真实性。当我们把忠诚的口号和忠诚的行为有效地结合起来的时候，我们才真正地将我们的忠诚体现了出来，也才真正地表达了我们对公司和对工作的态度。

最后，还想再次提醒身为公司员工的你：忠诚是基本的职场生存方式。如果你选择了为某一个人、某家企业工作，那就真诚地、负责地为其干吧，真心地为自己的这份工作付出自己的心血；如果老板付给你薪水，让你得到温饱，那就称赞他、感激他，支持他的立场，负责任地完成他安排给你的每一份工作，并且在任何时候都和他所代表的机构站在一起!

忠诚地为自己的工作拼搏

有一位学者说过这样一句话：“忠诚会助你取得成功。”确实是这样的。忠诚是一种美德，一个对公司对老板忠诚的人，并不仅仅是忠诚于一个企业，而且是忠诚于自己、忠诚于社会、忠诚于国家。他以忠诚在为人类造福。

品德高尚的人不会为自己的名声而时时担惊受怕。他不怕别人议论他，也不怕别人诽谤他。有句话说得好：“做了又敢于负责任的人一定能取得成功。”你对你自己的道德品行很自信的话，你的内心就会油然而生出大无畏的勇气，你根本不怕别人对你的非难。

忠诚是一种人格特质，它能给人带来一种自我满足感，更加懂得自重，它是时时刻刻伴随着我们的精神力量。一个人能够很好地约束自己努力去做一个有益于他人的好人，也能够放任自己去做一个遭人唾骂的坏人。成功与失败都只在一念之间。与忠诚一直相伴的是努力。生命中不能缺少忠诚，忠诚的人能很好地控制自己的情绪，不会因为情绪激动而失控，他一直守护着生命的航船，就算航船即将沉没，也会英勇地坚守到最后，直到与整艘船一起沉没。这是因为他对他的职业有着一颗忠诚的心。

在日本有着这样的一个故事。

擦鞋被大家认为是一项很低微的工作。不过，有个名叫源太郎的日本人，却凭着擦鞋的工作，成就了他辉煌的人生。

源太郎因为公司倒闭而失业待在家中很长一段时间，直到一个偶然的机会，他从一位美国军官那里学会了擦鞋的技巧，而且还迷上了这项工作。每当他听说哪里有好的擦鞋匠，他都会跑去请教，并虚心学习。

日子一天天地过去，源太郎的技术也越来越精湛，他的擦鞋技巧独树一帜，不用鞋刷，而用木棉布擦拭，鞋油也是他自行调制。那些早已失去光泽的旧皮鞋，经他用心擦拭之后，无不焕然一新，而且光泽持久。每一双鞋至少都能保持一周以上。

观察入微的源太郎也累积出特殊的功力，每当他与人们擦肩而过时，就能知道对方穿的鞋种；又从鞋子的磨损部位和程度，便能说出这个人的健康与生活习惯。

如此精湛的技艺，让东京的一家四星级宾馆相中，他们请源太郎到宾馆，专职为这里的顾客擦鞋。

自从源太郎来到宾馆之后，许多名人来到东京，全都指定要住这家宾馆，其中最重要的原因是为了让他们的好鞋能有“五星级的服务”。

当他们脚下踩着修整后焕然一新的皮鞋时，心中也记下了“源太郎”的名字与他服务的地方。随着时间的推移，源太郎的“擦鞋”工作也出了名，甚至还有国外的顾客来到日本指定要找源太郎擦鞋。

我们应当对我们的工作抱有一种忠诚的态度。就像上边这个故事里的源太郎一样，如果源太郎没有对自己的工作怀着一颗忠诚之心，那么他的工作不可能赢得周围任何人的认可，也不能得到大家如此的对待。我们所从事的工作是一个我们能够展现自己的能力的地方，也是我们价值和生命意义体现的地方，如果我们无法对我们的工作做到忠诚，那么

我们也没有忠诚于我们的人生，我们生命的意义也就无从谈起了。

对一家公司的经营，老板要冒很大的风险。前期的资金投入，员工的管理，压力之大可想而知。一旦公司倒闭了，老板将走投无路，而员工则还可以更换新的工作。所以，老板必须时刻检验员工的忠诚度，万一哪天公司经营不善，危机重重，他身边还有很多对他忠诚的人跟他站在一起，鼓励他、支持他，与他同舟共济、共同进退，这样他还能找回自信心，还可以东山再起。所以，你要明白，老板不停地“折腾”你，很可能这是他对你的格外器重，他正在考验你对他是否真正忠诚，一旦他知道你对他忠诚不贰，他一定会重用你。不管是发自内心的施与，还是无怨无悔地让老板尽情地“折腾”你，忠诚都是一种情感和行为的付出。你真诚的付出一定会得到丰厚的回报。

查理去一家大公司应聘部门经理，公司老板说有3个月的试用期，查理答应了。但是出乎他意料的是，公司老板把他安排到最基层的商店去做销售员。刚开始的时候，查理接受不了这样的工作，他觉得自己怀才不遇，但他还是忍气吞声地挺过了3个月的试用期。直到后来，他才明白公司老板为什么一开始就把他调到基层商店当销售员的真正原因：他刚来对这个行业还不熟悉，对公司的内部情况也不了解，很多事情确实应该从最简单的做起，一点一点地积累，才能对公司有一个全面的了解，才能熟悉公司里的各种业务，再说自己在试用期间拿的可是部门经理的工资。

尽管查理应聘的是部门经理而公司老板却让他从基层的销售员做起，但是他还是坚持了下来。他知道这是公司老板在考验他。事实证明，他从基层干起是对的，他用3个月的时间熟悉了公司业务，对公司有了一个全面的了解，明白了公司的发展规划，并积累了丰富的工作经验，为以后的工作打下了坚实的基础。3个月后，他正式任职公司的部门经理，带领属下取得优异的成绩，为公司的发展壮大作出了自己的贡献。

半年后，因为他工作出色，公司老板把他的职位相应地提升了。接下来，查理在公司里如鱼得水，一年后，公司的总经理调走了，他顺理成章地当上了公司总经理。在回顾这一年多的经历时，查理感慨万千，他说：“当初忍气吞声地从最基层的销售员做起，我没有抱怨公司老板，我知道这是公司老板对我的考验，他想知道我是否对公司忠诚。事实证明，我对公司是忠诚不贰的，我赢得了公司老板的充分信任。”

如今跳槽现象无处不在，正蔓延于整个商业领域，它的影响是巨大的，而那些对公司忠诚不贰的员工也受到了影响，他们也对跳槽跃跃欲试，有不少人也跳槽离去，从而进一步恶化了整个职业环境。

缺乏忠诚度，频繁地跳槽直接受到损害的是企业，但从更深层次的角度上看，对员工的伤害更深，无论是个人资源的积累，还是所养成的“这山望着那山高”的习惯，都使员工价值有所降低。那些人对自己的真正所求没有进行认真的考虑，没有摆正自己的位置，对现状作出了错误的估计，因此，他们的跳槽决定不见得就有利于他们今后的发展，而且还说不定越跳薪水越低。

人的一生就是曲曲折折的一生，可能要走很多曲折的路才能抵达自己最后想要抵达的地方。同样，从职业角度来看，不可避免地要掉换几种工作。然而这种转换必须依托于整体的人生规划。草率地跳槽，可能在短时间能增加你的薪水，如果跳槽成为了你的一种习惯，从长远利益来看，对你的发展不但没有益处，而且还会影响你的整个人生规划。这样就得不偿失了。

很多人老是认为现在的工作让自己的能力无法完全地发挥，或者现在的公司对自己不够重视，因此常常就在各个公司间跳来跳去，希望能够借助多多的接触来寻找真正能够实现自身价值的那个大舞台。其实，每一个展现在我们面前的舞台都是大同小异的，因为你的资历和经历只有这么多，而这样的能力能够胜任的职责或者说任务就这么大这么多，因此，我们不要太过于期待跳槽就能够给我们带来多大的改变。

相反，如果无论在现在的工作环境中遇到什么样的问题，我们都能够一如既往地专心工作，抛开跳槽的杂念，只想着把手里的工作一件件地完成，对自己的公司保持高度的忠诚度。那么现在的公司也能够给你一个适合你展示的平台。因为你的公司看着你一天一天成长起来，看着你对公司的用心情况，看到了你实力，也看到了你的整个综合实力。没有任何一家新的公司能够有比你现在的公司更加了解你。因此，忠心地为现在的工作拼搏，努力地为现在的公司创造利益，忠诚地对待现在这

个给予你工作机会的公司，公司一定不会辜负你对公司的付出和忠诚。

有这样一个关于忠诚的寓言故事。

一个牧马人正在草原上牧马，一群野马冲进马群，和他的马混在一起。牧马人看着壮大的马群，兴奋极了，他决定要把这些野马留下来。

在给马喂食的时候，他把最鲜美的食物给了那些野生的马，把就要发霉变质的食物给他放牧的马群吃。他想，如果我对这些野马好一点，它们就会留下来。

当牧马人又一次把马群赶到草原上时，野马四散而逃。牧马人又气又急，想过去追赶野马。马群中的一匹老马说："不要追了，即使你对它们很好，它们还是要走。也许你会觉得它们对你不忠。其实，真正不忠的是你。"牧马人大惑不解，对老马喊道："我对它们那么好，我怎么不忠心了？"老马回答道："你喜新厌旧，如果它们真的留下来了，你还会对它们那么好吗？"

当今社会忠诚已经变得越来越稀缺了。许多公司花费了大量资源对员工进行培训，然而当他们积累了一定的工作经验后，往往一走了之，有些甚至不辞而别。那些留在公司的员工则整天抱怨公司和老板无法提供良好的工作环境，将所有责任全部归咎于老板。但是，我们却发现，在管理机制良好的公司，跳槽现象也频繁发生，员工同样也不安分。因此，不得不使我们将视线转移到员工本身的心态上来。结果发现，大多数情况下，跳槽并非公司和老板的责任，更多在于员工对于自身目标以及现状缺乏正确的认识。他们过高估计了自身的实力，以及对那些向他们频频招手的公司抱有过高的期望。

我们发现那些在公司中能够得到提升的员工，他们看起来好像没有什么苦恼和忧愁，因为他们只关注如何比别人做得更好，而不会心有旁骛，想着怎样找一个薪水更高的公司。他们思想上没有杂念，心境平和，所以很少有情绪上的波动。他们能以一种睿智的眼光认识自己的处境。所以他们理应从工作中得到属于自己的那一份荣耀。

你不妨时常问问自己：我忠于公司吗？忠于老板吗？忠诚于我的工作吗？

忠诚地为自己的工作拼搏，让自己热情和诚心为自己的未来点燃成功之火。忠诚并不仅仅只是对于我们的公司而言，更多的是对于我们自己的未来而言，忠诚地为自己的公司拼搏，为自己的工作拼搏，为自己心中的理想拼搏。

关键十一　不断地学习，努力成为能协助上司的人

一个人的生命能否绽放出绚烂的光彩，就要看他的知识面有多宽，对自身资源的开发有多深。某法国科学家说过：“机遇只光顾那些有准备的头脑。”用知识武装的头脑就称得上是有准备的头脑。没有一定的知识储备，即使机遇真的降临，你也只能与它擦身而过。

不满足现有的知识和技能

学习是成就非凡人生的加油站，在现代社会中，竞争力一天一天地在加强，我们更需要随时随地都要注意及时为自己充电，不然就有失去竞争力的危险。给自己培养一个虚心学习、爱好学习的习惯在今天的职场中十分适用。在工作中我们要善于向别人学习，向别人取经，会从工作的失败中总结、学习怎么才能将事情做到最好，甚至我们可以给自己安排一个读书计划，或者为自己报一些能够拓展自己才能的培训班，让自己后劲源源不断。

正所谓“读万卷书，行万里路”。只有读万卷书，才能每临大事有静气，成就别人无法企及的大业。有一句话说得好：能闲世人所闲人，方能忙世人所忙事。这里所谓的闲事，就是读书。

现在的企业对于缺乏学习意愿的人是很无情的，员工必须负责增进自己的工作技能，否则就会被抛在后头。时代在发展，如果不定期充电，转眼之间就会被时代淘汰。老板、领导固然能够鼓励你努力成长，但是最后还是要你自己激发学习的兴趣，才能够吸收到所需的专业知识。你的知识越丰富，你的价值也就越高；你的价值高了，薪水自然也就高了。

而你在学习过程中所体现的积极进取和较强的接受能力是老板非常看重的。因为随着新知识、新技能的出现，固有知识、技能折旧得越来越快，老板看重的是学习能力强的人。如果沉溺在对昔日和现在表现的自满当中，学习以及适应能力的发展便会受到阻碍。不管你多么成功，你都要对职业生涯的成长不断投注心力，不这么做，工作表现自然无法突破，终将陷入停滞，甚至是倒退状态。

一个学生跟着他的老师学习技术，几年之后，徒弟觉得自己的技术已经非常熟练了，已经没什么可学的了，于是，他收拾好自己的行囊，准备和老师告别。

老师知道了他的想法后，问道："你确定自己的技术已经成熟了，不需要再学习了？"

学生指了指自己的脑袋说："我这里已经装满了，再也装不下了。"

老师随即拿出一个杯子放在桌上，让学生把这只杯子装满石子，直到石子把杯子装得很满了。老师问学生："你觉得这个杯子装满了吗？"

"满了。"学生毫不犹豫地回答。

老师从屋外抓起一把沙子，倒入了杯子，然后又问学生："那么现在呢？满了吗？"

学生考虑了一会儿，然后回答道："这次真的满了。"

老师没有再多说什么，只拿起了桌上的茶壶，慢慢地把茶水倒入碗中，而水竟然一滴也没有溢出来。然后再一次问年轻人："你觉得它真的满了吗？"

"真的满了。"学生回答道。

学生最后终于明白了老师的意思。

样样都占据优势是不现实的，主动学习也需要从实际出发，需要扬长避短。在工作中，你最擅长做什么？找到自己最擅长的领域后，就应该时时关注这个领域的最新技术，或者通过企业培训，或者自己充电，始终保持自己的强项和领先地位。

未来的职场竞争将不再是知识与专业技能的竞争，而是学习能力的竞争，一个人如果善于学习且乐于不断学习，他的前途将会一片光明。

书籍是人类智慧的结晶，不管你现在的生活状态如何，读书都是提升你自身能力和魅力指数的重要路径。比如说我们在读书的时候，特别是阅读那些出自大师之手的书籍，就是一次与大师的对话，与智者的交流，即便你不能完全理解，也是一次难得的精神之旅，一定会在什么时候，在那个你自己也不曾注意的一瞬间，就表现出来了。大部分的书读起来不轻松，你也许会因为困难大而想要止步，但是千万别停下，一定要继续，这次放下了可能就永远都提不起来读书的兴趣了。那些经过岁月淘洗而依然被奉为经典的著作是所有希望自己有魅力的人都必须要接触的，即便不能一下子达到大师的境界，但我们一定都有自己的理解，这就已经是一笔不可轻视的财富了。智慧、灵气、锐气，就在这一次次的阅读中自然获得了，胜过那许多空洞的追求。不同的书给我们的是不同的感悟。与自己工作相关的书给我们的是专业知识的补充，能力的提升；文学类的书籍让我们的语言和思想都能有一个刷新；而历史类的书籍能够让我们对周围和人生的认识更加的深刻，等等。但是不论什么书籍，只要是好书，它们都能给我们展示一个更大的世界，让我们的内心宽阔起来，能够拓展我们的视野，帮我们在竞争中能够更胜一筹，让我们的薪水也更胜一筹。

南丁格尔曾说："如果机会来了你却没有足够的知识去把握它，只会让自己看起来像个笨蛋而已。"

根据吸引力法则，一旦付出代价并作好准备，就会把机会吸引到你的生命旅程里。你准备的知识和技术达到什么层次，就会让你发挥到什么层次。把握自己的天赋和能力，机会之门就会为你而开，让你迈向成功。

一本专家的著作可能会给你带来意想不到的好处，因为书里充满许多别人已经花了多年时间验证过的构想和经验，你可以从书里得到别人耗费毕生心血所获得的经验和耗费大把钞票收集来的知识。只要能从书中找到一个不错的想法，就可能改变你人生的方向。

为自己买些书，增加自己的藏书吧！最好不要在图书馆借书。真正拥有一本书，阅读时才能用带颜色的笔画下重点，它将成为你永恒的私人资产。

罗伯特在学校时成天鬼混而不读书，甚至连高中毕业文凭都没拿到，直到步入社会后才发现自己唯一能找到的工作，都是些最低薪资的劳力工作。虽然出身于很优越的家庭，可是只能做一些没前途的工作。其他跟他一样高中没毕业、没学会阅读的朋友，情况也基本一样。很多人曾告诫他必须多受点教育，但他表示不爱读书，阅读长篇大论让他很不耐烦。于是有人建议他去社区专科选一门阅读课程。他终于去报名了，念了两年夜校，学会了阅读。有了这个新能力后，接着又去一所技术学校，研读生物医学电子，两年后拿到文凭。

罗伯特的人生因此完全不同了。他立刻被一家大型医疗用品公司雇用，卖医疗器具给医院和诊所。5年后，他的年收入就超过5万美元，还拥有了一个家庭、新车和优越的生活。所以，学习阅读和接受进一步的教育，成为他人生的转折点。

所以说：知识就是力量。知识是改变一个人命运的推动力。罗伯特原本没有什么惊世骇俗的天分，一切只因他的持之以恒、勤奋刻苦，不断地积累知识，让他从一个“后进分子”成为了一个“成功人士”。从这则故事我们可以看出：只要你勤奋刻苦，注重知识的积累，你也能改变自己的命运，提高自己的薪水。

一般说来，别人传授给我们的知识远不如通过自己的勤奋所得的知识深刻久远。任何一个成功者都是靠不断的学习走向成功的。终身学习才会终生进步。社会在不断地发展变化，学习就像逆水行舟，不进则退，同样，人的知识不增加，自然就会后退，知识就像机器一样也会折旧。

要知道，山外有山，天外有天。在21世纪，竞争没有疆界，你应该开放思维，站在一个更高的起点，给自己设定一个更具挑战的标准，才会有准确的努力方向和广阔的前景，切不可做井底之蛙，满足于目前的成就。

一个人的潜力是无限的，我们只要不断提升自己的意识，就完全有可能做到自我超越。与历史上的任何时刻相比，我们的社会从来没有像现在这样热切地呼唤具有实际能力、具有广博知识的有用之才。

在现代这个快速发展的社会，仅仅靠原来年轻时学习的知识或积累的经验往往是不够的。我们不仅要了解知识和教育有着重要的作用，更要明白知识是不断推陈出新的，所有的知识都需要我们不断学习、更新。

知识和经验让人有能力辨识正在形成的新情势，辨识经验越多，就能越快地对各种状况作出决策并采取行动。辨识能力强的人，通常都能升迁到重要组织里的最高位置，他们的判断和贡献会比其他人更有价值，也更有影响力。比方说，超级业务员通常都能年复一年地登上超级业务员的排行榜，他们的秘诀就是不断增进知识和技巧，推销更多产品和服务给更多世故、难缠的顾客。就像赛跑时领先的选手越来越领先一样，超级业务员一旦领先之后，会学习在更复杂、更多样的情况下辨识更多模式，继续超越其他竞争者。这使得他们能迅速看出潜在的销售机会，立刻知道该说什么或做什么以争取生意。也就是在这样的良性循环下，业绩如雪球般越滚越大。

没有什么比学识更能带来成功了。这就是每个竞争领域里实际发生的情况。由于各专业领域的知识迅速翻新，你所累积的既有知识，必须以前所未有的速度迅速更新。

现在是知识的天下！多愁善感、诚恳老实或徒具野心而不去学习的人，充其量只是一个对自己的工作非常在行的人。唯有深知如何达成目标、每天不断吸收新知识的人，未来的前途才会是一片光明。今日的竞争已不是财力之争了，而是知识多少的竞争。在现代社会，那些能不断增加知识的人就会有所发展。想赚得多，就得学得多。停滞在目前的知识和技术水准上自我欣赏，终将是要出局的。

让学习来提升自己

我们经常都会讲到“逆水行舟，不进则退”，其实如果我们对我们现在的生活抱有一种满足的态度，不再继续去寻找新的突破，那么我们就会在竞争的河流中被淹没，把前行的大军远远地甩在了身后。而最后，我们的生活必然只能以不如人意而结尾。因此，不断地为自己充实知识，储备知识和能力才能让自己永远走在竞争大军的行列中，让自己不被社会和生活所抛弃。

很多人总对自己生活的不如意产生抱怨和愤恨，而不是以积极的态度去学习和汲取。就在他抱怨和愤恨的同时，别人则在不停地学习和进步。长此以往，落后和没落就是很自然的事了。幸运之神是不会与堕落的人为伍的。

生活中的每一种变化或进步，都会为你带来一些新想法，并且激发出你新的构想，进而增加达成目标的可能性。只要有意识地经常置身于新信息、新构想中，就能得到幸运之神的眷顾。

想在信息时代成为创业的精英，最重要的做法之一就是常向“高人”请教。可以通过书籍、教学录音或课程内容，请教那些杰出人士。一个曾有类似经验的人给你的好建议，有时可以省下你好多的周折和辛苦工作，甚至可以省下一大笔钱。

有人曾说：“有两种方法可以得到知识：一种是买，一种是借。用买的方式，必须付出全额的时间和金钱；用借的，就表示可以从别人那里得到知识，而他已经为之付出了全部的学习代价。”你的目标是成为最有成就的人，接着你就能成为社会中最有价值、最成功的人，进而也就拥有了随之而来的特权、认同和尊敬，住进更豪华的房子、开更名贵的车子、拥有更多银行存款。而这一切目标的达成都不能离开我们在生活、工作中不断地努力学习。

有的员工或许以为利用闲暇的时间来思考工作总得不到多大的成绩，因而不想在闲暇的时间多做一些努力。这无异于一个人因为自己挣得不多，以为即使尽量储蓄，也不能成为巨富，所以一有金钱，尽数挥霍，不屑储蓄！但是有许多员工，就是因为利用了零星的闲暇时间求得了工作上的巨大成绩，这样的事例不胜枚举。

工作竞争日趋激烈，工作情形日益复杂，所以你必须具有充分的思想准备，接受充分的工作训练以作为你的盾甲，来应对环境的变化。如果你满足现状，不思进取，那么，你不仅不能使自己的命运向更好的方向发展，而且可能会使你在不远的将来混不下去。在今天，任何人都不

能满足现状，每个人都必须勤奋努力，才能适应时代的要求，实现工作目的，挣取满意的薪水。

相当一部分员工只是一心希望在顷刻之间成就大事。罗马不是一日建成的，事情是要渐渐成就的。这些员工应该不断地努力思考工作，不断地充实自己的知识容量，渐渐地推广知识的地平线，积极端正自己的工作态度，就一定能够改变自己命运。

袁佳，是一个普通得不能再普通的女孩子，只有高中文凭，却凭借着自己的努力，成了一家较有名气的外资企业的总经理秘书。更让人不能相信的是，这个只有高中文化水平的女孩子，竟还能帮助公司作整个公司账目的处理——袁佳的做账的能力深得外企老板的认可。

她又是怎么做到的呢？很简单，她凭借的就是坚持进行有目的的学习、不断地将自己所学到的知识运用到实践当中。

在袁佳还在求职的时候，她决定选择目前就职的这家公司。尽管好朋友、家人一度“好言相劝”：在外企就职，不仅要面对很多不同国籍的人、有着不同文化背景的外籍老板，还有对能力的高度要求，英语流利的高标准，对于一个高学历的人都很难，更何况是对于她这样一个只有高中文化水平的孩子呢？

对于这样的劝言，袁佳没有动摇自己原本的想法，只是默默地通过自己的努力，跨进了这家公司大门，当了公司的一名下层人员。刚进公司那段日子是最难熬的，被许多同事同时不停地派些零七八碎的事情让她做，同事们都当她是个毛孩子。但她不断学习，以此寻找着让别人认识自己的机会。

她除了把工作做得周到细致外，还把自己所能见到的各种文件全部抢到自己的工作台上，只要有空就去认真翻阅琢磨，学习公司的业务。为了突破外文文件的文字障碍，她就不厌其烦地去翻看她的英文字典，下了班就去英语补习班进行相对系统的英语学习，此外还为了能够在以后有个“一技之长”还特意报读了一个会计课程。在公司的时候，袁佳就趁着大家要她影印文件的时候，一步一步将学习到的会计知识与公司的实际相结合。时间久了，她对公司的业务可以说了如指掌，对会计的工作也越来越熟练，为自己胜任更高级的工作作了充分的准备。不光这样，袁佳的英语水平在与日俱增，业务方面的盲区也少多了。老板也对她刮目相看，不久就让她做了秘书。

实际上，在这个公司，她相当于副总，公司的日常事务都由她来管。为了胜任新的工作，她又决心学习计算机。为了能加快学习的速度，她报了很多培训班，在繁忙的工作中见缝插针地学习。

当人们问她为什么会有这么大的动力的时候，她只说了这样一句话："想要达到自己心目中的目标，实现自己的精神和物质上的理想或者要求，只能靠自己的努力，只能靠知识去征服一切。"

随着科技水平的日新月异，也要求员工具备很高的文化修养，再也不只是四肢发达的只能干苦力活的体力工作者。一个成功的公司，它的成功之处就在于塑造了一批批具有个性魅力和丰富底蕴的时代精英。成功企业里的员工，他们在工作中学会了不断提高自己的能力，对他们来说，这就意味着生存。只有自己比竞争者拥有更丰富的知识才能在战斗中获胜。

"养成每天阅读 10 分钟好书的习惯，20 年后你们就都可以来做校长。"这是某高校校长在毕业典礼上的一句话。

许多公司员工喜欢以"生活太忙碌，没有时间……"为自己不读书找借口，其实所谓最忙碌的人也可能完全充分地利用时间。时间只要挤，总是有的。只要把工作和生活稍加安排，就会腾出许多时间。

在公司中，我们每天都听到有人抱怨薪水太低、运气不好、怀才不遇，但他们不知道，自己其实正身处一所可以求得知识、积累经验的大学校里。而日后一切可能的成功，都要看他们今日学习的态度和效率。如果努力去学习了，在增长知识的同时提高了能力，积累了经验，离成功就不遥远了。未来的职场竞争将不仅仅是知识与专业技能的竞争，同时也是学习能力的竞争，一个人如果善于学习，他的前途会一片光明。

"适者生存"这是一个千古不变的真理，在这个变化迅捷的社会环境中，对于企业和个人来说只有能跟得上时代的脚步才能获得成功。优秀而卓越的员工深刻地意识到了这一点，即使为了能使得自己获取更好的发展和薪水，也是为了企业的命运，他们会自动自发地给自己提出要求：随时随地地学习。

一名想要在事业上有所发展的员工、一名优秀的员工，他们清楚地知道，他们只有不断学习，才能够适应社会的发展，才不至于被社会、被企业所淘汰，他们不但去参加专门开设的某项专业技能的培训学习，还会随时随地地去从其他人的身上学习。这就是这个时代任何一名优秀的员工身上所表现出来的一个与众不同的特质。

美国公司的企业主管在录用新职员时都会说一句：你要不断进取、发挥才能，否则将被淘汰。竞争激烈的现代社会对职员的要求就是这样。突破现状，给自己不断充电是事业成功的必备条件，也是时代的必然要求。

曾经在一本书上看到过这样一个故事。

有这样两个人，他们是高中同学，高考成绩也不相上下，同时考入了某大学，但就在收到录取通知书的同时，A同学的母亲突患脑出血，虽抢救及时保住了生命，但却从此成了植物人，这无疑给本不宽裕的A同学的家庭造成了重创。望着白发愁眉的老父和躺在病床上的老母，于是，A同学决定放弃学业，以帮老父维持这个家的生计。为了偿还母亲治病欠的债，他决定出去打工。

在建筑工地上，A同学起初是个苦力工，由于有些文化底子，经理有意让他到后勤处去搞搞预算，但后勤是固定工资，收入稳定但不高，A同学就请经理给他安排一个赚钱多点的岗位。在工作期间，A同学边干边学，不耻下问，对不懂的东西主动请教。虚心学习，使A同学在一年多的时间里掌握了几种建筑工程必备的主要技术，但这只是实际操作知识，A同学又利用那点有限的休息时间，购置了一些建筑设计、构图识图等有关书籍资料，开始在蚊子多、灯光暗的工棚里学习。

A同学偶尔与B同学通信，B同学在信里给A同学描述大学生活是如何如何丰富多彩。信上说，大学里可以和同学处对象、进舞厅，同学们可以到校外去聚餐郊游。A同学写信说自己打工的条件很苦，没有机会上大学了，劝B同学要珍惜那里优越的学习机会和条件。B同学回信说，在大学里学习一点儿都不紧张，成绩只要不是太差，一样可以拿到毕业证。

第2年，A同学基本掌握了基础建筑的各种操作技术和原理，渐渐由技术员提升为副经理。由于A同学的好学肯干精神，以及扎实的功底，公司试着给A同学一些小项目让其去施工。由于措施得当和管理到位，A同学的每个项目都完成得非常出色。在这期间，A同学仍没放弃学习，自修了管理学课程，还选学了一些和建筑有关的学科，完善他自己。

第3年，公司成立分公司，在竞选经理时，A同学以优异的成绩竞选成功，他准备在这个行业中一展宏图、建功立业。

同年6月，B同学大学毕业了，由于平时学习不太刻苦，有几科考得很不理想，勉勉强强才拿到了毕业证。因此，在很多用人单位选聘时，他都落选了，只有一家小公司看中他，决定试用半年。由于刚毕业且在实习期，工资和待遇不高、工作条件也不理想，B同学很恼火。由于他工作业绩不佳，且工作态度不端正，老板对他也不满意，只好解约。

B同学失业了。世界上一切问题，归根结底，都是有关人的问题。而研究、解决这些问题，又往往取决于人的能力。毛泽东曾说："一切事物的因素只有通过人，才能加以开发利用。"离开了人，一切事物都一文不值。

松下创始人松下幸之助认为："企业能否为社会作出贡献，并推动自己兴旺发达，关键在于人。"某世界管理学大师也认为："企业或事业唯一的真正资源是人。管理就是充分开发人力资源。"

太多的人感叹世事艰难，太多的人抱怨世界变化太快，但他们没有认识到：他们只是紧跟在时代的后面，而没有尽量主动地去引领时代，说得更实在一些，他们没有主动去把握自己的职业生涯。

其实，摆在我们面前的还有一种选择，就是"主动出击"——通过对自身人力资本的投资，通过提升自我价值，使自己在职场上拥有主动权。这就要求我们不仅要掌握谋生的专业技能，及时更新自身知识结构，最重要的是，学习内容还要有一定前瞻性，注重创造思维方式的学习，注重素质潜能的开发训练。

不断充实自己、不断超越自己，这样，你才能不断地成长，公司才会器重你或给你加薪。要知道，公司关注的是你创造了多少价值，带来了多大利润，而不是其他。从人力资源的角度看，组织提倡学习和"充电"，能提升员工的工作能力，最终带动组织发展。对于公司，这一点也

尤为重要。

对于每位员工来说，提高自身价值，为自己充电，可以得到老板的赏识，给你加薪，何乐而不为呢？而事实上，老板们的这种态度，正是源于企业的长远发展。因为，企业要掌握自己的命运，在生存、发展和消亡之间作出选择，只有通过不断增加人力资源投资，不断获取最新信息、革新技术和工艺，创造出新的业绩，才能使企业立于不败之地。

学习是贯穿一个人一生的行为。在现代企业经营中，团队小组、全面质量管理、客户关系管理、内部营销等新管理方法的应用，都对员工的技能提出了新的要求，它要求员工在学习职业相关技能知识的同时，也要学习职业以外的更高的技能知识，以增强自身的各种能力。实际上，那些仅仅为适应岗位短期需要的培训和学习，将变得越来越难以适应外部的市场变化和激烈的市场竞争的要求。

公司发展对这些员工的要求就是你站在什么样的岗位，都必须以本岗位的工作为基础，能举一反三、精通与本岗位相关的所有知识与技能，同时，还要学会一切与自身发展及公司相关的所有知识与技能。而要达到这样的要求，就必须树立起全面学习的观念。满足这样的要求，才能够满足这个时代的发展要求。

知识无止境，技术无顶端。在当今这个知识奔流、信息密集，各种新科技、新事物层出不穷的时代，知识的大潮滚滚涌来，不断吸收新知识与新技能，将成为一个现代人所应具备的基本素质，也必将成为新时代的旗帜!

在知识经济大潮不断袭来的今天，学习已是组织或个人生存和发展的根本。在某种意义上来说，学习已成为职场中人的第一需要。我们必须抱定这样的信念：“活到老，学到老。”

关键十二 不要抱怨工作，抱怨只能说明自己的能力不足

每件事情都有它的优点和缺点，当你遇到不好的事情时，先学会思考，如何在这里面学习和成长才是重要的。如果仅知道天天发牢骚，而不懂去改变其中不好的事情，那只能是身体受损，事情也没得改观。

抱怨是弱者的行为

老实说，世上确实有很多不公平的事，有很多值得埋怨的事。但是如果我们回过头来想想，世上根本不存在什么十全十美。如果我们一味追求完美，抱怨社会，抱怨他人，如果我们一定要等到世上所有的条件都完美后才开始行动，那么只好永远等了。有的人为什么一辈子都干不了一件事情，原因正是如此。相反，有的人也对自己的现状不满，但他却行动起来，力求改变现状，而不是埋怨，结果行动者成功了，而埋怨者依旧一事无成。

在社会上、职场中，我们经常可以听到很多女性埋怨社会，埋怨职场对女人的不公平。但是她们仅仅只是一味地埋怨而已，可能并没有为此作出过一点努力。在和朋友、同事发完牢骚后，回到工作中依然是懒懒散散的，并没有努力地去工作，去改变别人对自己的想法、看法。一个聪明的女性并不会将她的精力和时间花在抱怨、发牢骚上，她会用自己的工作能力去证明自己的一切，用自己的成果去改变别人的偏见。因

为她心里明白，用嘴说的都是虚无的，只有事实才能证明一切。所以她就用行动来证明自己。而那些愚蠢的女性，就只能终日怨天尤人，发牢骚，在牢骚中过完她那一生，最后回首往事，只能听见自己那不断的抱怨声。这是一种人生悲剧。

伟人和庸人最大的区别就是：庸人有了不满，只知道呆坐呻吟，埋怨自己的境遇不佳。伟人则努力改造环境。

一条鱼，生活在大海里，总感到没有意思，一心想找个机会离开大海。一天，它被渔夫打捞上来，高兴得在网里摇头摆尾："这回可好啦！总算逃出了苦海，可以自由呼吸了。"它乐得直蹦高……

它蹦得的确很高。当听到渔夫与他儿子议论着用什么方法将它烹饪的时候，它重重地摔了下来，很重，它昏了。

醒来时，发现自己竟仍在水中。一口破旧的水缸，它那身漂亮的斑纹救了它。渔夫决定将它养下，少吃一条鱼实在无所谓，何况它是一条多么美丽的鱼啊！

鱼欢畅地游来游去，在那只破水缸里。缸很小，太小了，可它仍不停下。一口水缸，和一条漂亮的鱼，看似快乐的鱼。

每天，渔夫总会往水缸里放些鱼虫，鱼很高兴，不停晃动身子，展示漂亮的斑纹。渔夫夫妇都是年轻人，大约20几岁，他们有小孩，但是收入并不多。每次鱼晃动身体逗渔夫乐，渔夫真的乐了，撒下一大把鱼虫，鱼大口地吃着，累了则可以停下打个盹。鱼儿开始庆幸自己的美妙命运，庆幸现在的生活，庆幸自己一身花衣。想到当初在海中，每天不得不自己出去寻找食物，还得时时提防天敌的突然袭击。它的那些朋友可能已几天没吃过东西，也可能已成了他人腹中之物。想到这，它大口咽下一群鱼虫，自言自语道：这才是生活。

在它眼中，这分明是一条漂亮鱼应得的待遇。

日子一天一天地过，鱼儿一天一天地游。它似乎有些厌倦，但再也不愿回到大海了。"我是一条漂亮鱼"，它总这么对自己说。

渔夫要出海了，这次可是出远海，十天半月才能回家，留下儿子一人。第一天，鱼没按时吃到鱼虫。第2天，依然没有吃的，它开始抱怨渔夫儿子这样怠慢一条漂亮鱼。第3天，它渐渐支持不住，饿得发慌。

想到在海中，10天找不到食物，它依然行动敏捷，只是现在身子是发了福，游水的本领却大不如前了。第4天，终于有吃的了，不是鱼虫，而是渔夫儿子吃剩的残羹。顾不上嫌弃，鱼大嚼起来。渔夫儿子总是隔三差五地送些残羹。鱼儿也总是抱怨不停。

终于，消息传来，渔夫出海遇难了。渔夫儿子收拾了东西搬走了，什么都带上，就是忘了带那条漂亮的鱼。鱼在缸里大喊："喂！带上我，别丢下我！"没人理它。

四周静悄悄，只剩下一口破水缸，一条漂亮的鱼。

鱼很悲伤。想到昔日渔夫待它实在不薄，现在却遇难身亡，它十分悲伤。想到自己今后，无人照料，困于水缸。

鱼抱怨，抱怨水缸太小，抱怨伙食太差，抱怨渔夫儿子对它无礼，抱怨渔夫轻易出海，甚至抱怨它决意离开大海时伙伴们为何不加劝阻，抱怨它所认识的一切，只忘了抱怨它自己。

它又开始幻想。一个富商路过此处，发现一条漂亮的鱼，于是把它小心地收好，养在家中的大水塘，每天都有可口的鱼虫……

太阳升起来了，四周静悄悄，只剩下一口破水缸，一条漂亮的鱼，一条漂亮的死鱼。

的确，尘世琐屑，红尘纷扰，总难免遭遇凄厉的狂风，淋漓的冷雨，但是，这并不是苦难，而是恩赐，正是上天对我们生命的打磨与锤炼。因为，生命的初始，就像一块璞玉，质朴而粗糙，没有光泽，需要我们细细地打磨，耐心地锤炼。这样才能去粗存精，精益求精，显示出生命的厚重与光华。

当一个人凡事都怪运气不好的时候，他就很难跳出那个框框了。总之，最重要的是不要随随便便地就把一切的责任往命运推。宿命论者，内心大多非常的灰暗、悲观。他们越是这样，幸运女神就越不会去眷顾他们，他们就更相信是运气不好，而造成恶性循环。一些人事情做得好不好有时并不是问题，成为问题的是他们老是把一切推在命运上，满腹牢骚的结果总是非常不妙的。其实，发牢骚是因为我们希望我们的工作或者生活上有所变化。它使我们理所当然地认为整个工作或者生活的变化都应当按照我们的想法或方向来改变。另外，我们在埋怨、发牢骚的

时候，是希望那个我们发牢骚的对象能够听到我们内心的声音，从而改变我们现在的处境。但是，我们日复一日的牢骚往往只会让人对我们心存不满，减少与我们的交流。

我们要随时随地地抵制抱怨，拒绝情绪大敌。而且，抱怨对于我们所追求的事业和人生没有任何的帮助，抱怨是让我们向后走，而我们的人生却是在前方。所以，只有我们自己改变自己的态度，才能改变自己的薪水数量，也才能改变我们自己的人生。

约翰·福勒的父亲是美国路易斯安那的黑人佃户，家中有7个兄弟姐妹。他从5岁就开始工作，9岁时会赶骡子。这些一点也不稀奇，因为佃农的孩子大多在年幼就必须工作，他们对于贫穷是十分认命的。福勒有一位了不起的母亲，她始终相信一家人应该过着快乐且衣食无忧的生活。她经常和孩子谈到自己的梦想。“我们不应该这么穷困，”她时常这么说，“不要说贫穷是上帝的旨意。我们尽管很穷，但不能怨天尤人，那是因为爸爸从来不想追求富裕的生活，家中每一个人都胸无大志。”

没有一个人想追求财富。这句话深植福勒的心中，改变了他的一生。他一心想跻身富人之列，开始努力追求财富。他认为推销东西是最快的致富捷径，并且选择了挨家挨户推销肥皂。12年后，他得知供货的公司即将被拍卖，底价是15万美元。谈判的结果是，他用积蓄的2.5万美金作为订金，答应在10天内筹足尾款12.5万美金。合约中还规定，若逾时未补齐尾款，将没收其订金。

福勒的工作态度是十分认真的，因而极受客户们的称赞。现在他需要帮忙，他向朋友、信托公司及投资集团借钱，到了第10天晚上，他筹到11.5万美金，还差1万美金。

曙光乍现，“我已经想尽所有的办法，”他回忆当时的情形，“时间不早了，房里一片漆黑，我跪下来祈祷，请求上帝指引，能在时限内供我1万美金。我决定开车沿着芝加哥第61街走下去，默默请求上帝给我一线曙光。”

当时是深夜11点，过了几个路口，终于看到一家承包商办公室里还有灯光。

福勒走了进去。那位承包商正埋头办公，由于熬夜加班，已经疲惫不堪。福勒和他略有交情，他鼓起勇气。

“你想不想赚1000美金？”福勒直截了当地问。

那位承包商回答：“想，当然想。”

“借我1万美金，我会外加1000美金利息还给你。”

福勒告诉那位承包商，并且详细说明整个投资计划。

一会儿，福勒的口袋里放着1万美金的支票，踏出承包商的办公室。

随后，他不但从接手的公司获得可观的利润，并且还陆续收购7家公司，其中包括4家化妆品公司，1家制袜公司，1家标签公司及1家报社。

谈到自己成功的秘诀时，福勒用多年前母亲的话回答：“我们很穷，但不能怨天尤人。知道自己要什么，要能够看到机会，并且抓住机会。”

当你对工作感到厌倦而提不起精神时，当你对公司的制度产生质疑时，与其抱怨，不如直面现实，正视自己的工作，或者以一种对公司负责的精神挑战公司的不合理制度，等等。但是，请你一定要停止你的抱怨声，因为，从你的抱怨声中受害最大的是你自己。

在职场中，如果你是真有才能，总有一天会被老板发现的，即使老板不能发现，你也可以通过一些机会去充分地展示自己。一味地抱怨，并不能让你得到利益或好处，相反，它会让你失去很多机会，甚至是丢掉工作。

在现实工作中，有太多人虽然受过很好的教育，并且才华横溢，但在公司里却长期得不到提升，主要是因为他们不愿意自我反省，总是怀疑环境，对工作抱怨不休。还有不少人自命清高、眼高手低，他们感到被老板剥削，替别人卖命、打工，是别人赚钱的工具，因而在思想上产生了严重的抵触情绪，聪明才智没有用来思考如何十全十美做好老板交给的工作，而是整日抱怨，让大好的光阴和大把精力在抱怨中白白浪费掉了。

不管走到哪里，你都能发现许多才华横溢的失业者。当你和这些失业者交流时，你会发现，这些人对原有工作充满了抱怨、不满和谴责。要么就怪环境条件不够好，要么就怪老板有眼无珠，不识才，总之，牢骚一大堆，积怨满天飞。殊不知这就是问题的关键所在——吹毛求疵的

恶习使他们丢失了责任感和使命感，只对寻找不利因素兴趣十足，从而使自己发展的道路越走越窄。他们与公司格格不入，变得不再对公司有用，只好被迫离开。

有位企业领导者一针见血地指出，抱怨是失败的一个借口，是逃避责任的理由。这样的人没有胸怀，很难担当大任。仔细观察任何一个管理健全的机构，你会发现，没有人会因为喋喋不休的抱怨而获得奖励和提升。这是再自然不过的事了。想象一下，如果在战场上有一个总不停地抱怨的士兵：这环境多么的恶劣，部队配备的武器多么的差，食物简直难以下咽，以及有一个多么愚蠢的指挥官。这时，你认为，这名士兵的责任心会有多大？对工作会尽职尽责吗？假如你是统领整个部队的将军，你是否敢让他做重要的工作？

抱怨有时表示能力有缺陷

抱怨就像在一片青翠的稻田里冒出来的高高的杂草——是一个非常不和谐的因素。

在人生这个游戏中，我们与很多人都是一样的，同样有智慧，有抱负，也有决心。唯一也是本质不同的是，成功者并没有抱怨，他知道自己的劣势与缺点，所以能够有效地、努力地改进，人生的新貌也正是他们努力的一种结果，而失败者却在抱怨中坠入失败的轮回。

林则徐曾经有句著名的诗：“苟利国家生死以，岂因福祸避趋之。”我们不用上升到生死的高度，但是可以修改一下，“苟利公司全赴以，岂因责任避趋之”，这就是职业的精神，是我们所要选择的责任。

当我们抱怨我们的工作这样不好，那样不好的时候，其实我们很可能道出的是我们自己能力上的不足、欠缺。为什么这么说？这个道理很简单，当一个人有能力能够轻松解决一件事情的时候，他是很乐意去做的。每一个人都喜欢展示自己的能力，也许这个才能可能只有自己肯定，但是他都会想要展现出来。因此，如果一件事情是在他的工作能力范围之内的话，那就是一个绝佳的展现自己才能的机会，这样的机会是他求之不得的，又怎么会抱怨呢？相反的，如果一件工作要求超出了自己的能力范围，那么如果这件事情他不能很随心所欲地驾驭得了的话，什么时候事情、工作的发展逃出了自己的掌控范围，那么这件事情可能就会给他的面子口黑，会给他带来不好的影响，也会打击到他的自信心和自尊心。通过人趋利避害的心理可以知道，他的内心是不想做这件事情的。所以，在没有办法推辞的情况下，他的不情愿就化做了抱怨，从而来表达自己内心的一种意愿。

亚当是一所名牌大学的毕业生，各方面都表现出不同凡响，他在一家公司工作3年了，虽然成绩卓著，为公司立下了汗马功劳，可就是得不到老板的重用。亚当因此情绪较大，“怀才不遇”、不被赏识的感觉时常萦绕于心头。一天，亚当和同事喝酒时感叹道：“想我到公司以来，发奋努力，试图在事业上有所建树，在合适的位置上作出自己的贡献。时至今日，虽然兢兢业业，成就人所共知，怎奈无人重视、无人欣赏，也是枉然。真是‘千里马常在，而伯乐不常有’呀!”世上没有不透风的墙，本来老板准备提升亚当为业务部经理，得知亚当之言，心里着实有些不是滋味，思考再三，还是暂时放弃了提升他。

强者靠自己，弱者靠同情。抱怨别人对自己不公平实在是无济于事。抱怨在很大程度上都是因为自身能力的缺乏造成的，越是缺乏越是抱怨别人的不能“慧眼识英才”，慢慢地就形成了一个恶性循环。

成功者都有一种坚忍不拔的精神，但是这种精神并不是与生俱来的。人的一生难免碰到挫折、逆境，事情的成败往往取决于你在逆境中采取了什么样的态度。

不要用谴责的目光而应用同情或者是负责任的目光去看待同事、老板甚至是公司的缺点。问题不在于别人没有干什么或者别人应该干什么，问题在于你自己选择对情况作出什么样的反应，你应该干些什么。

年轻人工作时，眼睛不妨向高处望，但手却要从低处做起。不要把时间浪费在发牢骚、抱怨等没有意义的事情上，要做，就全心全意地去做；要是不想做，就早日另谋高就。如果你只是个小技术员，你可以花上几年的时间，把你手中的工作做到尽善尽美，这样愉快地工作，不比

一天到晚混时间、发牢骚好得多吗？

在有些时候，抱怨的确能够赢得一些善良人的宽慰之词，使自己的内心压力暂时得到缓解。同时，口头的抱怨就其本身而言，不会给公司和个人带来直接经济损失。但是，持续的抱怨会使人的思想摇摆不定，进而在工作上敷衍了事。抱怨使人思想肤浅，心胸狭窄。一个将自己的头脑装满了抱怨的人是无法有美好未来的。抱怨只会使他们与公司的理念格格不入，使自己的发展道路越走越窄，最后一事无成，还谈什么薪水？

在美国的某一个城市里，有一位赫赫有名的集团老总，他是农民出身，经历坎坷，种过田，开过手扶拖拉机。在40岁以前，他穷困潦倒，家徒四壁，没有人看得起他，包括他的妻子。

但是，他只身下海，从做小本生意开始，在短短10年内，把一家手工作坊奇迹般扩张成了资产达亿元的私营企业。

有记者采访他："如果出生在城市，受到良好的教育，有稳定的生活环境，你现在的成就可能会更大。"

他沉默了一会，说："也许。但是我相信，如果我不是生长在农村，没有经受过那么多的苦难，丰衣足食，有人看得起，我会心安理得地过下去，绝不开办自己的家庭作坊。从这个意义上说，我要感谢苦难。"

苦难并不意味着永远苦难，幸福也不意味着永远幸福。生活有时常常违反常规，以另一种形式出现在我们的面前。在许多时候，幸福往往会变成一道减法题，一点点减去你的志气、奋斗、体魄；而苦难却成为一道加法题，不断累加着你的梦想、努力和汗水，累积起来，就拉上了成功的手。

人们最出色的工作往往是处于逆境下做出的，思想的压力甚至肉体上的痛苦，都可能成为精神上的兴奋剂。美国曾抽查了1000位财富在1000万美元以上的富翁，调查了他们的生活，结果发现，他们大都出生在普通人家庭中，甚至有一部分人的少年是在黑人区里度过的。生活有时真的像魔术，会变换出令你难以置信的结果。

其实，我们工作中所遭遇的逆境和不顺心并不可怕，也不值得我们花精力去天天抱怨它们，我们如果能把工作想象成一个游乐园，我们每一个人都在进行一个又一个的攻关游戏，我们的配备只是暂时在这个游戏中不是十分的精良，但是它们并不影响我们在游戏中为自己赢得精良的设备，也不影响我们取得整个游戏的成功。所以，我们需要做的就是耐心地玩这场游戏，尽自己最大的可能赢得整场游戏的胜利。一个能胜利的人，必然能够赢得他的同伴的重视，团队的器重，也能赢得老板的赏识和丰厚的薪水。

工作中的困难是一次自我学习与自我省视的机会。在工作中，阻碍我们前进道路的通常就是我们能力中所欠缺的，我们不应该气馁，也不应该抱怨，我们反而应该高兴地迎接它的光临，因为来一个阻碍自己身上的缺陷就会少一个，自己正在一步一步向着“完美”前进。这正像上学时期老师所告诉我们的话：“考试，不是为了要打击大家的自信心，也不是为了让大家看到自己的能力是多么的差，而是为了让大家看到自己在整个学习的过程中到底有哪些地方是我们没有学到的，是为了高考的那一天我们能够尽可能地拿到高分而作的弥补性的训练。”

只知抱怨的人，他们会忽略掉这个让他们成长的大好机会，他们从不懂得珍惜自己的工作。他们不懂得，丰厚的物质报酬是建立在认真工作的基础上的；他们更不懂得，即使薪水微薄，也可以充分利用工作的机会来提高自己的技能。他们在日复一日的抱怨中，而技能没有丝毫长进。最可悲的是，抱怨者始终没有清醒地认识到一个严酷的现实：在竞争日趋激烈的今天，工作机会来之不易。不珍惜工作机会，不努力工作而只知抱怨的人，总是排在被解雇者名单的最前面，不管他们的学历有多高，他们的能力是否能够满足基本的工作要求。

“世界第一 CEO”韦尔奇曾说：“与其抱怨，不如负责来做。所谓负责，更多的是一种工作态度，一种被社会现实打磨出来的直面现实的积极心态。而抱怨的人所缺乏的却正是这种态度。”

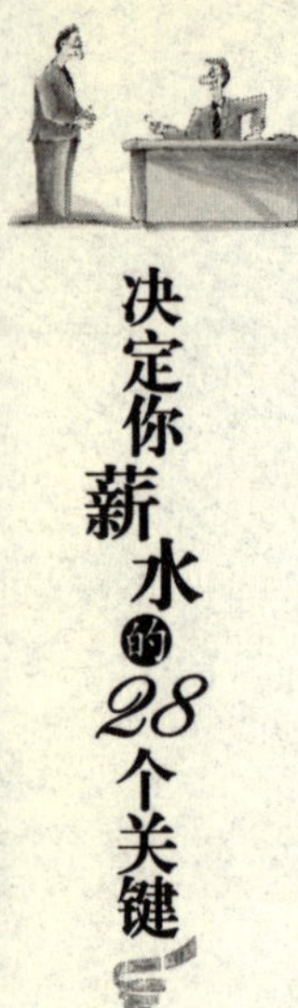

关键十三　不拖延工作，要积极主动地完成工作

成功有一对相貌平平的双亲——守时与精确。每个人的成功故事都取决于某个关键时刻，这个时刻一旦犹豫不决或退缩不前，机遇就会失之交臂，再也不会重新出现。前人有一首诗：“明日复明日，明日何其多。我生待明日，万事成蹉跎。”积极地工作才能创造未来，而对工作拖延的习惯只能拖垮我们的未来，夺走我们的薪水。

拖延是工作中的最大敌人

昨天是张作废的支票；明天是尚未兑现的期票；只有今天，才是现金，才能随时兑现一切。今天想明天，真到了明天却又在怀念昨天，什么时候会面对现在呢？

人性本身是放纵、散漫的，因而人们往往对目标的坚持、时间的控制等做得不到位，不能按时完成任务。如果拖延已开始影响工作的质量时，就会变成一种自我怠误的形式。

当你肆意拖延某个项目，花时间来削大把大把的铅笔，或者计划开始某项工程时，你就为自我怠误奠定了基石。巧妙的借口，或有意忙些杂事来逃避某项任务，使得无法进行有效的复命，只能使你在这种坏习惯中越陷越深。凡事今日不清，必然积累，积累就是拖延，拖延必然使人堕落、颓废。延迟需要做的事情，会浪费工作时间，也会造成不必要的工作压力。

“今日复今日，今日何其少，今日又不为，此事何时了？人生百年几今日，今日不为真可惜，若言姑待明朝至，明朝又有明朝事。”

拖延会侵蚀人的意志和心灵，消耗人的能量，阻碍人潜能的发挥。处于拖延状态的人常常陷于一种恶性循环之中，这种恶性循环就是：“拖延—低效能+情绪困扰—拖延”。

任务拖得越后就越难以完成，做事的态度就越是勉强。在心情愉快或热情高涨时可以完成的工作，被推迟几天或几个星期后，就会变成苦不堪言的负担。以此类推，若完不成任务，又怎么会有人发薪水给你呢？

阿恒是一家文化公司的图书组稿编辑，他的工作任务便是在一定的期限内负责将有关的文字内容组成一部书稿，如果按照正常的速度来说，像编撰这样的稿件一个半月的时间就完全足够了。可是，阿恒呢？在编撰一本书稿所花的时间往往要超出正常时间的两三倍，不仅如此，稿件的质量也难以达到出版的标准。

为什么会这样呢？他公司的老板感到难以理解，因为阿恒在刚进公司的时候，并不是这样，于是想知道原因所在的老板便和阿恒谈了几次，但是都没有找到真正的原因。

有一天，在快要下班的时候，老板走到正在忙着收拾东西回家的阿恒面前，询问工作进展怎么样。

“快了！马上就好了！”阿恒回答道。

“真的是快完成了吗？”老板让阿恒将做的东西拿出来让他看看，发现事实并非像阿恒所说的那样，阿恒的工作只是刚刚开始。

“你什么时候才能完成？”老板问道。

“没事的！这对我来说很简单，只要从明天开始稍微多做一点就能够在规定的时间内完成！”阿恒自信地说道。

直到此时，老板才知道了真正的原因所在。

在现实的工作、生活中，有类似阿恒这种想法的大有人在，他们对于工作总是抱有一种轻视的态度，认为工作很简单，今天做不完还有明天，只要自己稍微努力，抓紧一下就可以在短时间内做好，如此一来便养成了一种拖延的习惯，在一定程度上导致了自己执行力度下降，不能

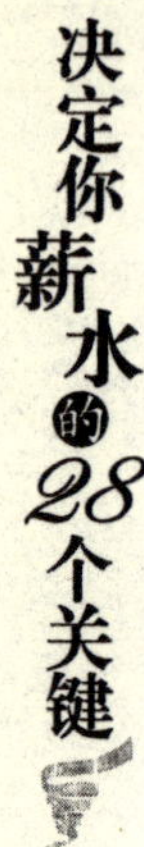

在有效的时间内把工作按质按量做好。

人们做事拖延的原因可能五花八门，一些人是因为不喜欢手头的工作；一些人则是因为不知道该如何下手。要找到使工作更有效率的新方法，首先必须找出导致办事拖延的原因。下面列举的问题囊括了大部分起因，我们将帮你找到相应的对策。

(1) 如果是因为工作枯燥乏味，不喜欢工作内容，那么可操作的情况下就把事情授权给能完成工作的人员，或雇用公司外的专职服务。只要可能，就让别人来做。

(2) 如果是因为工作量过大，任务艰巨，面临着看似没完没了或无法完成的任务时，那么就将任务分成自己能处理的若干零散部分，并且从现在开始，一次做一点，在每天的工作任务表上做一两件事情，直到最终完成任务。

(3) 如果是工作不能立竿见影地取得结果或者效益，那么就设立“微型”业绩。要激励自己去做一项几周或几个月都不会有结果的项目很难，但可以建立一些临时性的成就点，以获得你所需要的满足感。

(4) 如果是工作受阻，不知从何下手，那么可以凭主观判断开始工作。例如，你不知是否要将一篇报告写成两部分，那么你可以先假定报告为一单份文件，然后马上开始工作。如果这种方法不得当，你会很快意识到，然后再进行必要的修改。

对每一个渴望有所成就的人来说，拖延是最具破坏性的，它是一种最危险的恶习，它使人丧失进取心。一旦有一次遇事推拖，就很容易再次拖延，直到变成一种根深蒂固的习惯。

我们常常因为拖延时间而心生悔意，然而下一次又会惯性地拖延下去。几次三番之后，我们竟视这种恶习为平常之事，以致漠视了它对工作的危害。

一旦养成拖延的习惯就会滋生我们内心中的懒惰心理，将昨天该完成的事情拖延到今天，将现在要做的事拖到以后。许多重要的事情不是没有想到，而是没有立刻去做。到后来，很多情况下我们并不是因为真的有什么事情忙而延误了某些工作，而是因为自己内心中已经滋生了一种懒惰的心理。在工作中，当我们有许多任务需要完成的时候，如果我们老是用拖延的方法来减轻自己每一天的工作压力，没错，今天你的工作量是挺轻松的，但是，实际的总的工作量并没有为此而减少，我们的工作依然需要完成。而之前所拖延下来的工作就堆积到了以后。如此一来，旧的工作没有做完，新的工作又接踵而至。工作任务的滞后将给公司带来巨大的损失，也会给自己的前途带来无尽的阻碍。拖延如同一种毒素，它会让我们内心深处的惰性和不负责任疯狂地滋长，最后毁掉我们的人生。

有一个故事叫“亡羊补牢”。

在古时候，有一个老农他们家里有一个羊圈，羊圈里面养了好多只羊。老农看着这些羊仿佛就看见了生活的希望，等来年把这些羊都卖了以后，那时候，家里的生活就会有所改善了。

老农每天看着他的羊都是喜滋滋的。谁知有一天，当老农早上起来的时候，很惊讶地发现羊圈里的羊少了。但是老农没有太在意，因为他检查了一圈发现他的羊圈是好好的，没有任何损坏的痕迹。又过了两天，早起的老农发现羊圈里的羊又少了几只。可是检查羊圈时依然没有任何不对劲的地方。这时候，老农就开始纳闷了，为什么这羊会无缘无故地少了呢？

老农为了解答自己心中的那个疑惑于是就在晚上趴在家里的窗沿上把窗户开一个小缝悄悄地往外看。等到了深夜，老农惊讶地发现，原来是自己羊圈的栅栏上留的空间太宽，让狼能够钻进栅栏然后把羊一只一只地叼走了。

发现了原因以后，老农第二天一起来就张罗着找木头把羊圈的栅栏又重新加固加密了。从此以后，老农家的羊再也没有丢过了。

虽然这个故事讲的是“及时补救，为时未晚”的道理。但是，我们依然能够从中看到拖延会给我们的生活带来多大的危害。试想，如果老农当时没有想去究其原因，而是继续这样放任拖延下去，那么可能老农羊圈里的羊都会被狼叼走，而老农来年估计也就只能在饥寒交迫中度过了。

其实很多喜欢拖延的人往往都是一些意志薄弱的人，他们或者不敢面对现实，习惯于逃避困难，惧怕艰苦，缺乏约束自我的毅力；或者目

标和想法太多，导致无从下手，缺乏应有的计划性和条理性；或者没有目标，甚至不知道应该确定什么样的目标。而对于这样的人就一定要学会去提升自身的执行力，克服自己的薄弱的意志。

那我们要怎样才能提升自己的执行力呢？让我们来向卓越的员工们取一下经，看看他们是怎样去做的吧！

以下是成就出众的人用来克服拖延的 5 种方法。

1. 建立短期目标

首先选择一项短期目标，为自己定一个 10 分钟的目标，然后在接下来的 10 分钟内做一些会让你更接近目标的事情。假设 10 分钟的目标对你来说太难，那就设立 5 分钟的目标，并遵循同样的程序。再不然就选择一个一分钟的目标，或者是只牵涉一个动作的目标! 像是拿起一支笔，再拿出一些纸，然后就开始书写。任何程度的决心都会创造动力，而且一旦你下定决心采取行动时，那股动力便会鞭策你继续前行。

当你想拖延时，你就开始做些别的事——任何事都可以用来克服拖延。这是让你继续向前迈进的动力来源。只要持续动作，便有可能完成许多事情。在物理学的领域中有一法则叫做牛顿第一运动定律，指运动的物体存在一定的惯性，而这定律也适用于人类行为，只要你采取行动，你便会发现持续行动十分容易。

放手去做吧! 实时的行动会为你带来成功的动力和满意的薪水。

2. 树立时间有限的观念

让自己行动的第 2 个方法就是树立时间有限的观念。商人在促销时都会定一个最后期限，来诱发客户立即行动。你也可以这么做，就是为自己设定一个人为的最后期限，想想看你想要完成什么。

你可以想象你只剩一年的生命，说服自己这是真的，将它化做激励你前进的动力。如果没有效果，就把时间缩短至 6 个月，或者只剩一个月。我们都无法得知什么时候生命会结束，这样的不确定性让我们以为自己生命相当短暂，请随时保持这样的心态，把握今天，掌握当前，立即行动!

3. 设定固定的行动时间

选定一段固定的行动时间，把每一天或每个星期中的一段时间空下来，或许只是一小时，专注在达成目标上，其他什么事都不要做。别让任何人或任何事阻挡你在这段时间达到目标。你将发现这一段时间在帮助你持续迈向目标。

许多有成就的人会在固定的行动时间内专注于特定的目标。有一位经理因为没有固定时间审视投资而痛苦，后来他决定每天空出 30 分钟专门做那件事，也就是每个下午从 3 点到 3:30。没几个月，他投资组合的资金大幅上涨。他说每天那 30 分钟的投资是他做过的最成功的投资。不管你的目标是什么，设定一段固定的行动时间将帮助你达成目标。

4. 求助

让自己行动的第 4 个方法就是向信任的人寻求帮助。而一旦你获得动力之后，请继续向前迈进，或者你可以要求某人持续地帮助你，像要求好朋友每周固定询问你计划的进度，或者也可以要求你爱的人在你开始懈怠的时候温柔地提醒你继续行动。不过请避免与不相干的人过度讨论你的目标，过度讨论目标而不积极行动会动摇你的决心并延缓进度。

每一个富有成效的想法都包含了可以用来达成目标的精力，成功人士会当场捕捉这样的能量，并加以运用。当某种想法或决定浮现于脑海时，他们会当场作出正面的响应，并且善加利用该项点子中所蕴涵的能量。当你想到富有成效的点子时，请把握住那一刻，利用你所感觉到的能量来提升自我，马上朝目标跃进。一旦拖延，那股能量便将永远消逝。

5. 利用外在刺激

如果上述 4 种方法还无法让你行动，那么就试试励志言语的力量吧!言语内含能量，它是我们用来将内心想法转换成具体行动的工具。

某社会学家曾经提出一个概念，叫做“力量分析”。在这里面，他描述了两种力量：阻力和动力。他说，有些人一生都踩着刹车前进，比如被拖延、害怕和消极的想法捆住手脚；有的人则是一路踩着油门呼啸前进，比如始终保持积极、合理和自信的心态。因此，优秀的员工做事从不拖延，在日常工作中，他们知道自己的职责是什么，在老板交办工作的时候，他们只有一个回答：“是的，我立刻去做!”

拖延往往与优秀员工无关。拖延只能表现出我们对工作的懈怠心理，只有不懈怠工作，不拖延，按时、积极、主动完成工作的员工，成功和

高薪才能降临在他的身上。

对于工作我们要发挥主动性

很多公司职员都习惯性地拖延工作，不能积极主动地去完成工作，拖延工作，等工作都堆积如山以后，等到无法再拖延的时候，再慌忙地将工作完成。在这种情况下完成的工作不仅内容不全面，而且很多时候会因为时间不足、慌忙而显得整个工作乱七八糟、毫无条理，而且到处都是缺陷漏洞。这样的工作成果别说老板不能接受，自己细心地看一下，恐怕自己都没法忍受。

很多人以为自己的这种拖延的行为只有自己知道，老板都被蒙在鼓里，不知道自己的工作进程。其实，如果你有这样不负责任的想法，那你就大错特错了。你这样的拖延行为老板心里一清二楚，而且，这种不负责任的想法不仅是对自己工作、公司的利益造成了损害，也会给自己的未来带来很多无法想象的困扰。

每一位优秀的管理者很清楚，拖延最终带来的结果是什么。可以肯定的是，升迁和奖励是不会落在惯于拖延工作的人身上的。

一个生动而强烈的意象闪入一位作家的脑海，使他生出一种不可阻挡的冲动——提起笔来，将那美丽生动的意象写在纸上。

但那时他或许有些不方便，所以不立刻就写。那个意象不断地在他脑海中活跃、催促，然而他还是拖延。后来那意象便逐渐地模糊、暗淡了，终于整个消失！而工作与写作其实也是一样的，当你被安排了某项工作时，你当时的头脑里就立马会出现对整个工作的整体规划，如果你不立马着手进行，那么你的整个规划就会随着时间的推移而出现混乱和遗忘。

军队打仗的时候讲究的是“一鼓作气，再而竭，三而衰”的法则，而工作中又何尝不是，就像我们上面所讲的那样，如果有了想法和计划不立即去实施的话，那么它们就会因为我们的拖延而被遗忘，并且，工作是越拖就越不想做。如果真的到了那一步，我们的前途就会被我们自己给耽误了。

因此，我们在对待自己的工作的时候，应该要发挥我们自身的主动性，主动地去把属于我们的工作完成，不拖延任何一项工作任务。

有一位大型企业的老板，在他为事业奋斗了大半辈子，别人都认为他已功成名就时，他却感觉到自己生活中缺了点什么东西，他想起了自己儿时的梦想——画画。

小时候，他曾梦想成为一名画家，但出于种种原因，他已经数十年未能拿起画笔了。现在去学画画还来得及吗？能抽出时间吗？思前想后，他决心要圆这个梦想，计划每天从百忙中抽出一个小时安心画画。

这位老板是个有毅力的人，他真的坚持了下来，多年以后他从画画上也得到了不菲的回报——多次成功举办个人画展，油画作品受到人们喜爱。他谈起自己在画画上的成功时说："过去我很想画画，但从未学过油画，我曾不敢相信自己花了力气会有很大的收获。记得有人精辟地说过这么一句话：'成功与失败的分水岭可以用这几个字来表达——我没有时间。'当我决定学油画时，我想我应该能做到每天抽一小时来画画。"

作为一个大企业的负责人，要做到这一点是很不容易的。这位老板为了保证这一小时不受干扰，唯一的办法就是每天早晨5点前就起床，一直画到吃早饭。他后来回忆说："其实那并不算苦，一旦我决定每天在这一小时里学画，每天清晨这个时候，渴望和追求就会把我唤醒，怎么也不想再睡了。"

上面的故事告诉了我们一个很简单但是很深刻的道理，那就是：我们有需要做的事情就要积极地去做，如果不做我们永远不知道我们能够迈向多远。积极主动地去做事情说不定我们能够收获到意想不到的惊喜。

可见，成功始于心动，成于行动。一个只懂得坐在云端想入非非而不能脚踏实地地去努力的人，是永远也不会取得成功的。只有把理想和现实有机结合起来，才有可能成为一个成功的人。

美国的西点军校在培养军人的时候存在着这种观点：坚强的勇士之所以始终保持沉默，是因为他的直接行动使靠不住的吹牛行为黯然失色。

安静同时又值得信任——这是许多无言英雄赢得尊重和影响力的方式。靠自身的行动证明自己，用行动说话，行动是最具说服力的武器。很多老板之所以德高望重，就因为他们能“以身作则”，用自己的行动说服他人，而不是以空洞的命令或口号。

工作不是阻碍我们前进道路的绊脚石，而是协助我们一步一步迈向成功的登山镐。如果能够协助我们取得成功的工作都不能调动我们的主动性，不能帮我们发挥我们的积极心态，那么我们的一生注定只能平庸度过了。

拖延与积极这两种不同的工作态度将我们的未来带向不同的方向，失败与成功只在乎于你选择什么样的工作态度。我们可以看看我们所知道的成功人士，例如香港的李嘉诚、邵逸夫，外国的比尔·盖茨、松下幸之助，内地的马云、李彦宏等，无论是谁，他们对待工作都是用积极的态度去面对，他们没有一个人有过拖延工作的想法和行为，因为他们知道只有积极、勤快的人才能够与成功挨着边。

作为一名员工我们也应该有这样的想法，并不是拥有这样的想法我们就一定能够成功，但是如果我们连这样的认识都没有，连一个积极的心态、主动工作的想法都没有，你又怎么能够奢望自己能拥有丰厚的薪水呢？又怎么能够期望公司能给你发展的机会？

山脚下有一堵石崖，崖上有一道缝，寒号鸟就把这道缝当做自己的窝。石崖前面有一条河，河边有一棵大杨树，杨树上住着喜鹊。寒号鸟和喜鹊面对面住着，成了邻居。

几阵秋风，树叶落尽，冬天快要到了。

有一天，天气晴朗。喜鹊一早飞出去，东寻西找，衔回来一些枯枝，就忙着垒巢，准备过冬。寒号鸟却整天飞出去玩，累了回来睡觉。喜鹊说：“寒号鸟，别睡觉了，天气这么好，赶快垒窝吧。”寒号鸟不听劝告，躺在崖缝里对喜鹊说：“你不要吵，太阳这么好，正好睡觉。”

冬天说到就到了，寒风呼呼地刮着。喜鹊住在温暖的窝里。寒号鸟在崖缝里冻得直打哆嗦，悲哀地叫着：“哆罗罗，哆罗罗，寒风冻死我，明天就垒窝。”

第二天清早，风停了，太阳暖烘烘的。喜鹊又对寒号鸟说：“趁着天气好。赶快垒窝吧。”寒号鸟不听劝告，伸伸懒腰，又睡觉了。

寒冬腊月，大雪纷飞，漫山遍野一片白色。北风像狮子一样狂吼，河里的水结了冰，崖缝里冷得像冰窖。就在这严寒的夜里，喜鹊在温暖的窝里熟睡，寒号鸟却发出最后的哀号：“哆罗罗，哆罗罗，寒风冻死我，明天就垒窝。”

天亮了，阳光普照大地。喜鹊在枝头呼唤邻居寒号鸟。可怜的寒号鸟在半夜里冻死了。

寒号鸟如果能像喜鹊那样主动地把自己的窝搭建起来，那么这只寒号鸟还能看见第二年的春天。正是因为寒号鸟老是想要将搭建巢穴的工作留在明天，想要能拖延一天是一天才断送掉了自己的性命。

喜鹊和寒号鸟的命运也是我们身为每一个人命运的一种影射。如果我们能够主动地完成我们的工作任务，不为一时的偷懒而拖延我们的工作，我们将会迎来我们事业中的春天。而倘若我们像寒号鸟那样，一天天拖下去，我们的事业也就没有什么成功可言了，美好的生活也会不属于我们。

有人曾说：“成功的秘诀在于开始着手。”成功其实很简单，只要你立即行动起来，主动着手去做。不开始行动，总是拖延，永远也不会取得成就。拖延是最具破坏性、最危险的恶习，它会使人终日懒散而无所事事。很多年轻人恐惧困难，懒于行动，把事情一拖再拖，最终结果就只是失约。

现在就采取行动，行动高于一切! 不付出行动，成功与梦想只能停留在口头上。

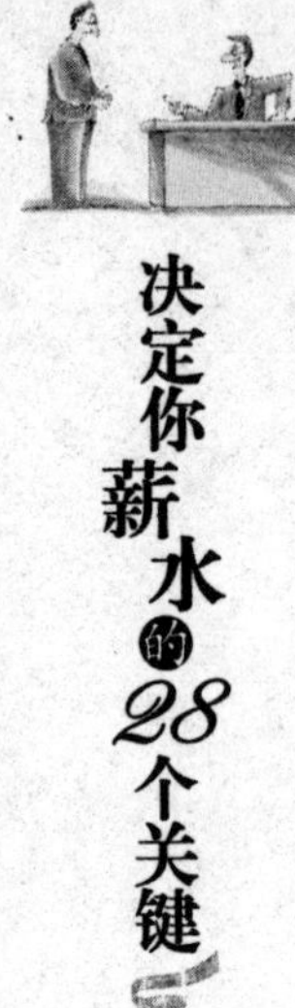

关键十四　不要计较工作的多少

有付出才有回报，在当今的职场上，只有那些勤奋的人才能取得职场的成功。如果总是抱怨工作量太大，工作太多，那你只能把时间白白地浪费掉。不计较工作量的多少，才是我们迈向成功最重要的因素。

不要计较工作量

工作是我们每一名员工分内的事情，有对工作量不计较的态度，可以帮我们做工作的主人。俗话说，一分耕耘一分收获，在今天的职场上，最受欢迎的是那些勤奋的人。不计较工作的多少，做工作的主人，就是对工作负责任的表现。积极工作，做工作的主人，是我们走向卓越人生的开始，是我们收获高薪和成功的重要保证。

职业是我们谋生的手段，也是我们事业的起点，每个人的事业都是从职业开始起步的。职业是事业的起点，也是事业的基石，所以不要轻视你的工作，而应当重视工作，因为每一份工作都是我们的一次成长机会。哪怕是在工作量很大的时候，我们也不要去抱怨工作太多，而应该依旧用认真的态度去完成它们，只有这样你才能真正迈好事业的第一步，才能真正把自己的职业做成事业。

在很久以前，有一位大富翁，他打算出门远行。临行前，他把仆人们都叫到身边，并将自己的财产委托给他们保管。根据每个人的能力，他给了第一个仆人10两银子，又给了第2个仆人5两银子，给了第3个仆人2两银子。

那个拿到10两银子的仆人把这些银子用于经商并且赚到了20两银子；而那个拿到5两银子的仆人也赚到了5两银子，只有那个拿到2两银子的仆人最终手里仍然只有2两银子，因为他把它埋在了土里。过了很长一段时间之后，主人回来与他们结算账目。那个当初拿到10两银子的人另外又带着赚到的20两银子来了，主人说："做得非常好！你是一个对很多事情都充满自信并十分努力的人。我要奖赏给你10两银子，并且还将会交给你掌管更多的事情。现在你就去享受你的奖赏吧。"

同样，那个拿到5两银子的仆人也带着他另外赚到的5两银子来到主人身边，主人对他说："做得很好！你是一个对一些事情充满自信并知道努力的人。现在，赏给你2两银子，另外，我还会让你掌管一些事情的，现在就去享受属于你的奖赏吧。"

最后，那个拿到2两银子的仆人也来了，他说："主人，我知道你想要成为一个强人，收获还没有播种的土地。我很害怕，于是就把钱埋在了地下。"主人回答说："又懒又缺德的人，你既然知道我打算收获没有播种的土地，那么你就应该把钱存到银行家那里，或者贷给那些急需用钱的人们，以便我回来时能够拿到我的利息。"

于是，主人将他的2两银子也赏给了那个赚到了20两银子的仆人，他说："我要把银子给那些已经拥有很多的人，使他们变得更加富有；而对于那些一无所有的人，我甚至连他们所有的还要夺走。"本来，这个仆人以为自己并没有丢失主人交给他的那2两银子，会得到主人的赞赏。在他认为，自己虽然没有使金钱增加，但也没有使金钱丢失，这就已经算是完成了主人所交代的任务了。但是，主人却并不这么认为，他觉得仆人仅仅只是保留住了自己所交给他的银子，虽然没有使银子受到损失，但也并没有使银子的数目有所增加。

我们的工作就像是上面的那个故事一样，如果我们因为只想着做平日里工作时间以内，或者工作要求以内的工作，而不愿意接受更多的工作量，那么我们就只能原地踏步。而一个只能原地踏步的人，一辈子也无法迈向成功。

中国人讲舍得。每个人对舍得都有一个共同的解释，那就是有舍才有得，没有舍，得又从何而来？没错，当我们在面对较大的工作量的时候，我们就应该有“舍”的精神，舍的是什么呢？是我们的个人时间，是我们的工作时间以外的精力。只要我们能够在工作面前毫不吝惜，将它们奉献给工作，那么，在不久的将来我们必然能够从工作上获得成功。而成功就是我们舍过以后，所得到的最好的奖励，这当然必然包括高薪。

因此，不要计较我们的工作量，这是我们迈向成功的机会，多多工作，成功的机会自然经常光临。

 工作量取决于对员工的认可度

今天的很多员工都会抱怨工作太多，但是，做了那么多的工作却并没有看见公司对自己另眼相看，为自己付出了私人时间和精力深感不值。但是，不知道你是否又换个方式想一想：如果一个工作人人都能胜任，那公司为什么一定要交给你来做，为什么不将工作平均分配给大家，那工作完成的速度岂不更快，效率岂不更高？公司没有将工作分配给大家，而是将它全权委托给了你，那么，公司肯定认为在这项工作上，你比别人都更适合，你能做得更好，这就是公司对你工作能力的认可。

由此，我们还可以回想一下。我们身边的那些工作能力很强的人，在公司极受老板、领导重视和认可的人，他们每天的工作量是不是也很大呢？我们经常可以看到他们忙得团团转，常常连休息的时间也没有。别人都下班了，他们还在电脑前工作，别人都睡觉了，他们还在开灯夜战。这是为什么？为什么公司要给他们安排那么大的工作量？原因很简单，因为公司认可他们的能力。

只有当公司对一个员工有了一定的认识，有了正面的认可的时候，公司才会对他们委以重任，才会将更多的事情交给他们去做。在公司看来，他们比别人能把工作干得更好，公司已经将他们看成了“核心”员工。

什么是“核心”员工？“核心”员工就是公司能够对其完全放心，

对其能力充分肯定的人。当我们能够从公司的一名普通员工慢慢地努力变成一名“核心”人员的时候，我们离加薪和成功的距离也就不远了。

曾经某公司有A、B两位员工。这两位员工从进公司开始能力就旗鼓相当，他们对于公司安排给自己的工作也都按质按量地完成。公司对于这两名员工都很是看重，觉得是两名不可多得的人才。渐渐，公司对他们越来越信任，安排的工作也越来越多，而两人的差距再一次在强大的工作量面前显现了出来。

A员工在面对不断加大的工作量的时候，选择的是毫无怨言，依然认真地执行。而B员工则在公司背后跟其他人不断地抱怨，说工作太多、太累，而且也没有看见公司有什么另外的“表示”，觉得自己做出了高出自己薪酬范围的事情，觉得自己很不划算。

由于本身的不满意，B员工也不能避免地把情绪带进了工作当中。在带有不满的情绪下工作，工作的成果自然不如心甘情愿地工作下的好。因此，俩人的工作成果上也明显有了优劣。

没有过多久，公司就给A员工安排了新的职位，而B员工却依然坚守旧职。B员工看到了A员工的晋升，心里很不平衡，于是就来到了上司的办公室，希望能够问明白因由。

面对B员工的疑问，上司说，其实一直以来给他们不断加大工作量就是为了看看两人在面对巨大工作压力的时候大家都是什么样的表现。如果两人能在面对巨大工作压力的时候，依然坚持认真工作，毫无怨言，那么将会给两个人同样提升的机会。结果B员工在面对巨大的工作压力的时候，选择的是懈怠，那么公司自然就没法把这个晋升的机会给他了。

我们在面对上级所安排的巨大的工作量的时候，我们不应该降低心中的那根工作的标准线。就像是故事中所讲的那样，每一次巨大的工作强度加到你的身上都是公司对你的一次检验，也是公司对你的一次考核。如果你轻易地将工作的标准降低，那么公司对你的信任度就会降低，自然你与职位晋升的机会也就会因此而错过。

我们只有始终一直保持我们“任劳任怨”的工作态度，那么公司才能够在一次次的检验中让你合格，才能给你更多的机会实现你的梦想。

不要计较工作的多少，因为，我们的高薪和机会就暗藏在它们之中。

关键十五　精力集中，全身心地投入到工作中去

专注是一种至高的境界，是心无旁骛地做一件事情。为了做到这一点，你必须集中你的精神，定位在某一特定的事物上，排除一切杂念的干扰。专注于工作上的问题，把你的注意力全部投在工作上面，这会引发你更多好的灵感的爆发，提升你的工作质量。专注能提高效率，专注能使目标明确，专注成就非凡。

 把我们的注意力都倾注在工作上

很多人终日奔波，一生都在忙碌中度过。他们手忙脚乱，身心疲惫，但却没有任何成就。这是因为他们的努力漫无方向，浪费了大量的时间、想法、精力，所做的都是无用功。可是如果他们朝着愿望中的某些特定目标努力的话，结果就会截然不同，可能会创造出奇迹。这就是专注的影响。

其实，每一个人心里都清楚地知道，不论做什么事，能否集中自己的精力，这是决定一个人日后事业上的成功或失败的关键因素之一。如果一个人领悟了通过全身心地投入工作来免除工作中的辛劳的秘诀，那么他就掌握了达到成功的原理之一。倘若能再配以处处主动、勤奋的精神工作，那么即便从事最普通的职业，也能绽放出自己的光彩。

即便是在我们面对小得不能再小、简单得不能再简单的工作，我们也不要对这样的工作灰心丧气，不要对工作的安排悲观失望，而是专心

致志、悉心做事，最后终成大事。专心致志、求精求深，这就是我们所需要的成功的必备品质。成功的人比那些朝三暮四，好高骛远，大事做不来，小事又不做，无所事事，无所作为的人成功就成功在这看似简单却难以坚持下来的一点上。

将我们的注意力全部都倾注在我们的工作上，就是用负责、务实的态度去做好每一件事；就是不放过工作中的任何一个细节，并能看透细节背后潜在的问题；就是要让自己比别人做得更好。任何事情，你只有更加用心，集中自己的全部精力，才能做到最好。而三心二意，朝秦暮楚的人终将是一事无成，薪水也会越挣越少。

春秋时期，楚国有个擅长射箭的人叫养叔。他能在百步之外射中杨树枝上的叶子，并且百发百中。楚王非常羡慕养叔的本领，就请养叔来教他射箭。养叔便把射箭的技巧倾囊相授。

楚王兴致勃勃地练习了好一阵子，渐渐能得心应手，就邀请养叔一起去打猎。野外，楚王叫人把躲在芦苇丛里的野鸭子赶出来。野鸭子受惊后振翅飞出来。楚王弯弓搭箭，正要射猎时，忽然从他的左边跳出一只小山羊。

楚王心想，一箭射死山羊，可比射中一只野鸭子划算多了！于是楚王又把箭头对准了那只山羊。

可是正在此时，右边又突然跳出一只梅花鹿。楚王又想，若是射中罕见的梅花鹿，价值比山羊又不知高出多少，于是楚王又把箭头对准了梅花鹿。忽然大家一阵惊呼，原来不知从何处飞来了一只珍贵的苍鹰，正振翅在空中飞翔。楚王又觉得还是射苍鹰好。

可是当他正要瞄准苍鹰时，苍鹰已迅速地飞走了。楚王只好回头来射梅花鹿，这时梅花鹿也逃走了。只好再回头去找山羊，可是山羊也早溜了。岂止如此，连那一群鸭子都飞得无影无踪了。

楚王拿着弓箭比画了半天，结果什么也没有射着。

做什么事都是这样，追两兔，一兔不得。平常生活中，事情再多，也要一件事一件事地做，做事时不可半途而废，也不可三心二意，全力做好一件事之后做下一件，这样工作一定能做好。人的精力和时间都是有限的，集中精力于某一点，就容易把事情做好，如果把自己的精力分

散到许多方面去，结果肯定不容乐观，古人比喻说：十个手指按九个跳蚤，结果一个也按不住。

许多人工作不可谓不努力，工作时间不可谓不长，但就是成效不大。而他们自己也清楚，效率不高的原因是他们不能够做到专注，这常常是他们自责的原因。他们一直在忙活着，而实际上，工作、学习的内容没有多少进到他们的脑子里，这是工作方法的问题。

对于很多人来说，集中精力比较困难，因为他们容易受到干扰。比如有的人在雨天不能有效工作，是因为"阴雨天影响情绪"。如果你将自己的时间主要花在应付干扰和琐碎的事务上，你永远无法真正驾驭自己的生活。

不管任何人，若不趁年轻时训练自己具备集中精力的好习惯，那么他以后就不会成就什么事业。一个人最大的损失是把他的精力没有意义地分散到多方面的事情上。一个人的能力十分有限，若要样样都精很难办到，你若想成就一番事业，请牢记凡事专注这条定律。

无论是谁，若能善于利用精力，不将它分散到毫无用处的事情上去，他就有成功的希望，但是有许多人东学一点、西碰一下，因此白白忙碌了一生，什么事也没有做成。

聪明的人了解倾注全部精力于一件事上，才能达到目标；聪明的人还善于利用他那不屈不挠的意志和持续不断的恒心，去争取最后的胜利。

专注是一种不可小视的力量，它在实现成功的过程中起到不可估量的作用。要专心做好一件事，提高工作效率，必须远离使你分散注意力的事物，集中精力选准主攻目标，专心致志地从事你的事业，你才能取得成功。

意大利著名男高音歌唱家帕瓦罗蒂在小时候，父亲（虽然是面包师，对音乐却非常有兴趣）就教他学习歌唱，鼓励他要刻苦练习，积聚自己的实力。

后来，他拜一位名叫阿利戈的专业歌手为师。当他即将从音乐学院毕业的时候，他问父亲："爸爸，毕业之后，我是当音乐老师好呢，还是成为一个歌唱家好？"

他的父亲这样回答："孩子，如果你想同时坐在两把椅子上，是绝对不可能的事，你肯定会从这两把椅子上摔下来。记住，别想贪心地同时坐在两把椅子上，生活中你只能选定一把椅子坐。”

最后，帕瓦罗蒂选择了当一名歌唱家，经过7年的煎熬，他第一次登台演出，再奋斗7年之后，他终于进入了大都会歌剧院。

一位伟大的科学家曾经说过：天才等于百分之一的灵感加上百分之九十九的努力。而专注则是努力必不可少的伴侣。专注使人进入忘我境界，能保证头脑清醒、全神贯注，这正是深入地感受和加工信息的最佳生理和心理状态。某法国科学家说：“当我像嗡嗡作响的陀螺般高速运转时，就自然排除了外界各种因素的干扰。”人，一旦进入专注状态，整个大脑就围绕一个兴奋中心活动，一切干扰统统不排自除，除了自己所醉心的事业，一切皆忘。人才，这个人人追捧的词，往往只在此时才肯光顾。没有专注地工作，人才很难出现。

“一次只做一件事”意味着一个人在某一段时间里只能把精力集中于一件事情，把一件事做到底。纵观失败的案例，大约有50%的情况是由于半途而废，未能坚持下去所致。有人曾经形容过，成功就好像是众人一起走一条充满各种诱惑的路，而目标就是这条路的尽头，绝大多数的人在路途中都被各种各样的诱惑所迷住，忘记了自己最先制定的目标，只有极个别的人始终清楚地记得自己要的是什么，走到了尽头。而走完了全程的人就是最后获得成功的人。

现实生活中，无论做什么事情，我们必须学会每次只专注于一项工作。不管是学习、工作，还是游戏，都要全身心地投入，不能三心二意，更不能见异思迁。对事情的专注是解决效率低下的良药，卓越的职场人士往往懂得专注于一项工作的重要性。

因此，无论你做什么工作，面对的是什么样的环境，都要杜绝三心二意的习惯，认真工作。不要老板一转身就开始偷闲，没有监督就没有工作。只有在工作中锻炼自己的能力，不断提高自己，加薪升职的事才能落到你头上。

专注是取得成功的秘诀，养成了专注的习惯，成功自然会眷顾你。如果你也有梦想却资历平平，那就努力培养专注的习惯吧。

 全心全意只为工作

全心全意是一种难能可贵的精神。正如有人所说："要想获得这个世界上最大的奖赏，你必须像最伟大的开拓者一样，将所拥有的梦想转化为为实现梦想而全身心付出的精神，以此来开拓和展现自己的才能。"历史上许多巨变和奇迹，不论是社会、经济、哲学还是艺术，都因为参与者百分之百、全心全意地投入才得以进行。

放眼去看许多杰出的演员、艺术家、经理人、推销员以及各行各业的成功人士，当旁人在描述他们的工作与生活态度时，几乎都会使用几个共同的形容词："热诚"、"有劲"、"全身心的投入"。难怪许多成就高的人，总是让人觉得其神采飞扬、魅力十足。

工作中，我们经常可以看到很多人为了能够得到更多升职加薪的机会，但是又懒于在工作上投入精力，于是就依靠拍马屁这样的一些投机取巧的方式来迎合老板、博得老板的"喜爱"。这些人经常空话、废话、奉承话满天飞，一点也不着边际。而实际上，这些空言，既不能获得老板的信任，也不能为自己带来效益。其实，实实在在的行动，无须天天将甜言蜜语挂在嘴边，老板要的是一种看得见、摸得着的东西。相比之下，实实在在的行动更能够获得周围人的认同。

事实上，你全心全意地在工作上付出远远胜于空言在老板心中所起的作用。多干实事，少说空话，实实在在地工作，以切实行动来诠释自己的能力，比其他什么都有说服力!

面对这个瞬息万变的商业世界，有些公司员工为了能够跟得上脚步，而把自己的标准降低了，对于自己表现得杰出与否并没有多大的期待，说是为了效率，但是实际上却是一种牺牲。很不幸的是，这种做法可能会使得他们的表现降到平庸的程度。有人说过："要不要全力以赴操纵在我们自己的手上，但是除非我们愿意这么做，否则这种选择的自由可是一点意义也没有。"

在工作中，你有靠全心全意地为工作付出的信念来提高自己的标准吗？如果没有，那么从现在开始建立起一条你自己引以为傲的底线，不要随便找借口搪塞，与其降低表现的标准，还不如努力发挥自己的极致。虽然大多数的情况下，绝对的全心全意付出几乎都是非常难以实现的。但是只要摒弃自己内心中的自私，至少会越来越接近这个境界，如果只是放任自己的惰性，或老是垂头丧气，或者持有“就这样吧”的想法，那么很容易就会以“太难了”、“不行了”这一类的理由放弃自己对卓越和成功的追求。追求更上一层楼，把表现的标准提高，超越自己对自己的期望，千万不要接受平庸的表现，不管是你自己还是别人都是一样。

世界上最紧张的地方可能要数只有10平方米的美国纽约中央车站问询处。每天那里都是人潮汹涌，行色匆匆的旅客都争着询问自己的问题，都希望能够立即得到答案。对于问询处的服务人员来说，工作的紧张与压力可想而知。可柜台后面的那位服务人员看起来一点也不紧张。他身材瘦小，戴着眼镜，一副文弱的样子，显得那么轻松自如、镇定自若。

在他面前的旅客，是一个矮胖的妇人，头上扎着一条丝巾，已被汗水浸透，充满了焦虑与不安。问询处的先生倾斜着上半身，以便能倾听她的声音。“是的，你要问什么？”他把头抬高，集中精神，透过他的厚镜片看着这位妇人，“你要去哪里？”

这时，有位穿着入时，一手提着皮箱，头上戴着昂贵的帽子的男子，试图插话进来。但是，这位服务人员却旁若无人，只是继续和这位妇人说话：“你要去哪里？”

“春田。”

“是俄亥俄州的春田吗？”

“不，是马萨诸塞州的春田。”

他根本不需要行车时刻表，就说：“那班车是在10分钟之后，第15号月台出车。你不用跑，时间还多得很。”

“你是说15号月台吗？”

“是的，太太。”

女人转身离开，这位先生立即将注意力转移到下一位客人——戴着帽子的男子身上。但是，没多久，那位太太又回头来问一次月台号码。

“你刚才说是15号月台？”这一次，这位服务人员集中精神在下一位旅客身上，不再管那位太太了。

有人请教那位服务人员：“能否告诉我，为什么能对待刚才的那位太太那么的冷淡，前一刻还热情似火，后一刻就完全转变了一种态度？”

那个人回答说：“我的工作就是每天解答每位顾客所提出来的问题。每一位顾客就好像你们的工作项目，有多少个顾客就有多少个工作项目。我在面对任何一个工作项目的时候，我都是全心全意地为他服务，为他解答，任何时候我都只能专注于我手上的这个‘项目’，这样我才能将它完成达到百分之百的满意度，才能让我的工作价值更高。如果我在面对一位顾客的时候，还同时打理其他的顾客或者处理其他的问题，那么我的精力就会被分散，我就没法将每一份工作都做好，我的工作质量也因此而下降。”

不论你在公司中从事的是什么工作，不管用什么样的方法，何不现在就好好大显身手一番？记住这句全心全意地工作格言：我尽量从各个方面学习一切有价值的东西，将来的一切都将取决于我自己现在的努力。

无论是员工在工作层面还是职业生涯上的表现，他们随时都需要全心全意地投入才能够有望杰出。光是投入89%、93%，甚至98%，都无法令人惊叹，顶多只能够做到差强人意而已。尽自己的本分并不是一个能够激励人心的目标，如果你想要别人注意到你的努力，那你可得努力超越自己的预期，达到令大家惊叹的地步才行。

优秀的员工绝对不会对平庸的表现自满，而且他们不管做什么事情，必然都会全力以赴。普通员工认为还可以接受的水准，对于优秀的员工而言，是无法接受的低标准，他们会努力超越其他人的期望。不断提升自己的标准，希望能够更上一层楼，而且非常注意细节部分，愿意不断地鞭策自己摆脱平庸的桎梏。

做事与全心全意做事，虽然它们都是在讲做事，但实际上，从态度上来讲它们有着本质的差别。

做事只是要求把事情做了，达到的效果是怎么样就全然不在乎了；全心全意地做事追求的是一种优异的工作质量，最终取得优秀的结果。

做事，本意虽以达成结果为目的，自己也会尽力，短期内可能也会取得成绩，但缺乏精力的投入，很容易在岔路上出现迷茫与徘徊，最终很容易吃力不讨好；而全心全意做事，虽然短期内未必省力，甚至可能要倾尽心血，但从长远看，用心做事的人更容易收获最好的结果。

做事只是干，机械地干、被动地干，而全心全意地做事则是巧干，创造性地干、主动地干。做事追求的只是完成，有一种交差感，看不出问题，找不出原因，提不出措施，而全心全意做事追求的是完美，能及时发现问题、拿出办法，提出有建设性的意见，善于总结经验教训，在工作中创造出自己的风格。

一个全心全意做事的人、一个投入的人，无论走到哪里，都无法掩盖住他的杰出，在任何一家公司都能受到重用，获得高薪。

现任一家大型企业要职的约翰在回忆当初他在该企业应聘时的情景时说："那是我一生中最重要的一个转折点，一个人如果没有全心全意追求工作的精神，那么他就无法抓住成功的机会。"

那天面试时，公司总裁找出一篇文章给约翰说："请你把这篇文章一字不漏地读一遍，最好能一刻不停地读完。"说完，总裁就走出了办公室。

约翰想：不就读一遍文章吗？这太简单了。他先深呼吸一口气，然后开始认真地读起来。过了一会儿，一位漂亮的金发女郎款款走来，"先生，休息一会吧，请用茶。"她把茶杯放在桌子上，冲着约翰微笑着。约翰好像没有听见也没有看见似的，还在不停地读。

又过了一会儿，一只可爱的小猫伏在了他的脚边，用舌头舔他的脚踝，他只是本能地移动了一下他的脚，丝毫没有影响他的阅读，他似乎也不知道有只小猫在他脚下。

那位漂亮的金发女郎又飘然而至，要他帮她抱起小猫。约翰还在大声地读，根本没有理会金发女郎的话。

终于读完了，约翰松了一口气。这时总裁走了进来问："你注意到那位美丽的小姐和她可爱的小猫了吗？"

"没有，先生。"

总裁又说道："那位小姐可是我的秘书，她求了你几次，你都没有理她。"

约翰很认真地说："你要我一刻不停地读完那篇文章，我只想如何

集中精力去读好它，这是考试，关系到我的前途，我不能不专注读书而去理会其他事。发生了别的什么事我就不太清楚了。"

总裁听了，满意地点了点头："小伙子，你表现不错，你被录取了！在你之前，已经有50人参加考试，可没有一个人及格。"他接着说："在纽约，有专业技能的人很多，但像你这样全心都在工作上的人太少了！你会很有前途的。"

全心全意只为工作才是真正的聪明。因为认真工作是提高自己能力的最佳方法。你可以把工作当做你的一个学习机会，从中学习处理业务，学习人际交往。长此下去，你不但可以获得很多知识，还为以后的工作打下了坚实的基础。认真工作的员工不会为自己的前途操心，因为他们已经养成了一个良好的习惯，到任何公司都会受到欢迎；相反，在工作中投机取巧或许能让你获得一时的便利，但却在生活中埋下隐患，从长远来看，是有百害而无一利的。

古罗马人有两座圣殿：一座是勤奋的圣殿；另一座是荣誉的圣殿。他们在安排座位时有一个秩序，就是人们必须经过前者，才能达到后者。它们的寓意是，勤奋是通往荣誉的必经之路。

人生目标贯穿于整个生命，你在工作中所持的态度，使你与周围的人区别开来。它们或者使你的思想更开阔，或者使其更狭隘，或者使你的工作变得更加高尚，或者变得更加低俗。

作为一名普通的员工，要想在众多同事当中脱颖而出。你必须用心去做老板交给你的每一项任务。即便是最普通的事，也应该全力以赴、尽职尽责地去完成。能把小任务顺利完成，也有完成大事情的可能。一步一个脚印地向上攀登，便不会轻易跌落。这也是通过工作获得真正的力量的秘诀。

无论你做什么工作，无论你面对的工作环境是松散还是严格，你都应该全心全意工作。你只有在工作中锻炼自己的能力，使自己不断提高，加薪升职的事才能落到你头上。反之，如果你做事得过且过，不认真工作，那你就会被老板毫不犹豫地排斥。

关键十六　不要等着工作来找你

做事积极主动工作的员工是每一家公司都梦寐以求的员工。一个做事积极主动的员工的工作量胜过10个无用或者只图工作过关的员工。做事积极主动的员工自然能够赢得老板和公司的重视，机会自然给他们的比给别人的多。所以如果想要赢得重视，获得更多的机会和薪水，就不要等工作来找你，让自己从人群中独立出来。

 永远没有无事可做的时候

我们在公司的工作间里徘徊或者来回穿梭的时候，不时能看见很多员工在上交完工作任务后就在办公位子上优哉游哉自己干着自己的事情，要么发呆、要么就上网浏览网页、要么玩些小游戏，极少能看到有人还在继续忙工作的。当你问他“没事做?”的时候，他会很坦白地说“是呀，工作刚才交上去了，现在没事可做了”。面对这样的回答我们可以扪心自问一下，真的无事可做吗?

在很多人心目中，工作就好像是一份苦役一样，没有任何人愿意去主动再去找其他的工作来做。其实，大家所说的“无事可做”并不是真正的无事可做，只是没有一个人愿意主动地去找事情来做而已。如果你就是拥有这种被动的工作态度的人，在这里建议你，在尽可能短的时间里把这种被动工作的态度改掉，改变成一个主动工作、自动找工作来做

的人，这样的话，成功离你也就不会太远了。

当我们把工作当成是一种苦役，你就会产生抵触的心理，工作起来得过且过、效率低下。这不仅会影响公司的发展，还会荒废你个人的职业生涯。

如果你对工作心存抱怨，把工作看成是苦役，那么，你对工作的热情和创造力就无法激发出来，也很难说你的工作是卓有成效的——你只不过是在“混日子”罢了，这样你迟早会加入失败者的行列。

而如果我们在心中将工作看成是一种享受，看成是我们毕生为之奋斗的事业，那么，工作上的厌恶和痛苦感就会消失。工作也不再让我们那么急于逃避，当我们享受工作的时候，我们就会主动地去寻找工作来让自己忙碌起来，让自己的工作生活更加的饱满，荷包当然也会更加“饱满”。

贪图享受是人性中固有的弱点，你若任它在你的思想中肆意横行，必然将工作看成是苦役，因此，你将无法对工作尽心尽责，其结果是，偏离公司、偏离你自己的目标。所以我们一定要舍弃“无事可做”的这一类给自己偷懒的机会的想法，让自己积极地寻找工作机会。

其实，我们不难发现，老板或者领导赏识、喜欢的职员都是那些不论老板是否在办公室都会努力工作的人，这种人永远不会被解雇，也永远不必为了加薪而担忧，因为他们知道，他们这种积极的工作态度必然能够得到老板和领导的回报。

如果只在别人注意你的时候你才有好的表现，或者只在别人安排了工作下工作，而从来不试图自己主动地为工作工作的话，那么你将永远也达不到成功的巅峰。你应该为自己设定最严格的标准，而不应该由他人来要求你。要知道，在任何一家公司里，想要升职加薪的人不在少数，懂得勤奋是迈向成功的第一步的人也不少，所以，如果仅仅只是在完成本职工作的范围内就满足了，这必然不能帮助你迈向更高的山峰。

在现代老板的眼中，一个职场新人最宝贵的特质之一，就是自动自发地工作。它是未来成功人士必备的人格特质，自动自发就是没有人要求、强迫你，自觉而且出色地做好自己的工作。

在我们传统或者更应该说是过时的认识中，认为只要准时上班、按时下班、不迟到、不早退就是完成工作了，就可以非常心安理得地领薪水了，几乎从未认真考虑过关于工作本身的问题：工作是什么？工作又是为什么？就是这样，很多人只是被动地应付工作，为了工作而工作，不能在工作中投入自己全部的热情和智慧，只是在机械地完成任务，而不是去创造性地、自动自发地积极地工作。我们踩着时间的尾巴准时上下班，可是，我们的工作很可能是死气沉沉的、被动的。当我们的工作依然被无意识所支配的时候，很难说我们对工作的热情、智慧、信仰、创造力被最大限度地激发出来了，也很难说我们的工作是卓有成效的，我们只不过是在“混工作”而已！

成功取决于我们对待工作的态度，取决于自动自发的主动态度。所谓的主动，指的是随时准备把握机会，展现超乎他人要求的工作表现，以及拥有“即便已经完成了公司安排的任务，也自己找事情做，多为公司出一分力，多为公司做点事”的想法。知道自己工作的意义和责任，并永远保持一种自动自发的工作态度，为自己的行为负责。

自动自发不仅是区别你和其他员工的唯一方法，也是老板评判你是否值得继续栽培的标尺。所以，不要常常拿着“工作已经做完，现在没事可做”的理由来为自己偷懒找借口，在工作中永远没有无事可做的时候。

詹姆斯是个毛纺织品批发商。他手下有个杂工，名叫乔瑟夫。乔瑟夫每天早早地来到办公室，在大家到来之前，他已经把整个办公室打扫得干干净净了。公司里有位董事罹患肠胃病，乔瑟夫白天就来回给他送热水。

工作一段时间之后，年轻而又瘦小的乔瑟夫主动请缨，想做一名业务员，公司同意了他的请求。

那个冬天，公司所在地突降暴风雪。业务员大都在快到中午时才姗姗来到办公室，他们围坐在火炉旁尽情地聊着这场罕见的暴风雪。

下午四点半，大门打开了，冒着寒冷刺骨的北风，晃着几乎冻僵了身躯，乔瑟夫走进了办公室。“是董事先生来上班啦！”正在火炉旁烤火的几个业务员挖苦地说道。

“我把今天的工作都做完了，”乔瑟夫说，“像这样的暴风雪，竞争

对手也少，我应该更加积极一些，所以给客户们看了不少的样本，我今天得到了 43 份订单。”

老板知道此事后，非常满意，立即给乔瑟夫转了正——他成了正式的业务员，工资随即也提高了。因为乔瑟夫的努力与坚持，后来他成为了世界上知名的地产商人。

对于很多人来说，不是缺少成功的机会，而是缺少抓住机会的主动性。我们都说机会总是留给那些有准备的人。那么那些成功的人在抓住机遇之前都准备了什么了呢？很简单：除了能力之外，他们还准备了自己的主动性。如果你想登上成功之梯的最高阶，就要永远保持主动。无论你面对的是什么工作，如果你能够做到自动自发，最后都终能获得回报。这是成功人士成功的因素之一。

“主动就是不用别人告诉你，你就可以出色地完成任务。”卓越员工是这样解释主动的。要看一个人是否对工作自动自发，只要看他工作时的精神和态度即可。如果某人做事的时候，感到受了束缚，感到所做的工作只有劳碌辛苦，没有任何趣味可言，那么他绝不可能有什么伟大的成就。如果一个人轻视他自己的工作，做事草率，那么他绝不会尊敬自己。如果一个人认为他的工作辛苦、烦闷，那么他绝不会做好工作，也无法发挥他内在的特长，也不会自动自发地完成工作。

一个卓越的员工应该是一个自动自发地完成任务的人。而一个卓越的管理者则更应该努力培养员工的主动性。我们要学习卓越员工的精神，主动地去做好一切！千万不要等到你的老板来催促你！不要做一个墨守成规的员工，不要害怕犯错，勇敢一点吧！老板没让你做的事你也一样可以发挥自己的能力，成功地完成任务。

成功总是在寻找那些能够主动去做事的人，可是很多人根本就没有意识到这一点，他们早已养成了拖延懒惰的习惯。只有当你主动、真诚地提供真正有用的服务时，成功才会伴随而来。而每一个雇主也都在寻找能够主动做事的人，并根据他们的表现来犒赏他们。

每个老板都喜欢积极主动、善解人意的员工，人们也乐意和这种人共事。养成了自动自发的工作习惯，就掌握了个人进取的精髓。那些以无比的热情对待自己工作和事业的人，总能发掘出机会；相反，那些被动的人，只能永远等着别人给他安排任务，而且还要推脱搪塞，在这同时，他也推掉了机会。

造物者授予人们思维，无疑是希望他们能够自动自发。有成功潜质的人，总是能够比别人多付出一些，自动自发地为自己争取最大的进步与利益。

只有自动自发，才会让老板惊喜地发现你实际做的比你原来承诺的更多，你才有机会获得加薪和升迁。

自动自发地为自己寻求工作

在人的一生中，能够自动自发地为自己找事情做的态度是一种有效地向上攀登，获取更好的生活的手段，也是每一个希望能够事业有成、成为优秀员工所必须具备的一种职业素质。我们怎样对待工作，工作就怎样回报我们；我们怎样对待未来，未来就怎样回报我们。在我们工作中的每一天，完成工作、找其他自己能够胜任的工作来在自己还未被安排新的工作任务的时候做，不断地向公司展现你对待工作的一种积极的态度，这样的你才能称为拥有了能够卓越的资本。

一个能够自动自发自己找事做的员工，将会得到老板甚至每个人的赞许和器重，同时，你也会为自己赢得一份重要的财产——自信，你会发现自己的才能足够可以赢得他人甚至一个企业的器重。

不愿意自发地为自己找事情做也表现了一个人懒惰的一面。懒惰会让人的心灵变得灰暗，会让你对勤奋的人产生嫉妒。一个懒惰的人只会看到事物的表面现象，看到别人获得了财富，他会认为这不过是别人比自己更幸运罢了；看到别人比自己更有学识和才智，则说那是因为自己的天分不如别人，这样的人不明白没有努力是难以成功的。事实上，每一个成功者的成就都是依靠自己的不懈努力获得的，这其中不会有机缘巧合。

一个从事鸡蛋销售的员工，进入公司不久，就取得了不错的销售业

绩，得到了老板的褒奖。他是这样做的：

在售奶柜台或冷饮柜台前，顾客走过来要一杯麦乳混合饮料。

他微笑着对顾客说："先生，你愿意在饮料中加入1个还是2个鸡蛋呢？"

顾客："哦，一个就够了。"

这样就多卖出一个鸡蛋。在麦乳饮料中加1个鸡蛋通常是要额外收钱的。

让我们比较一下，上面那句话的作用有多大。

员工："先生，你愿意在你的饮料中加1个鸡蛋吗？"

顾客："哦，不，谢谢。"

这个故事并不是讲某员工靠着自己的主动工作取得了多大的成就，但是这个故事中的小小道理也让我们每一个人知道：成功是在这些小的事情上积累起来的。见微知著，就像这名员工一样，多问一句话就能为公司带来多一点的利益。而我们如果在我们无事可做的闲暇时间能够主动地多做一件小小的事情，我们的能力能够有所扩展，我们能够为公司赢得更多的效益，我们也能够让我们的上司从我们对待这份工作中的点点滴滴上认可我们，机会也会在我们多一点点的努力中悄悄地降临。

所以，作为一名优秀的员工就要具备这种高度的敬业精神，不仅对于老板交代的任务应立即采取行动，对于上级没有交代的任务和工作也应该尽自己可能主动地去完成。事情放在那里本来就需要做，与其被动地服从，等待工作的机会、成长的机会不如主动地去找工作的机会和成功的机会。

王楠在参加招聘会时，他的主动精神让应聘考官记忆犹新。

那天正好是星期六，刚刚大学毕业的王楠到当地的人才市场上去寻找工作，发现有一家招聘摊位前挤满了求职者，于是也跟着挤过去看，原来这家单位正在招聘自己想要寻找的秘书职位。

由于前来应聘的人特别多，加上当时正值酷暑期间，大厅内温度非常高，求职者的嘈杂声让应聘考官心烦意乱。就在应聘考官决定暂停当天的招聘时，他突然发现整个大厅里的嘈杂声没有了，当他正要站起来看个究竟时，旁边的工作人员告诉他，是前来应聘的一个男生在大厅内主动地帮助维持秩序。考官听到这话，心头一震：自己从事招聘工作这么多年，还从来没有遇见过男生这种主动工作的行为呢，像这种积极性、主动性强的年轻人现在还真是少见，这种行为也正是一个秘书所要具备的基本要求。

于是，这位考官立即停止手头的工作，让旁边的工作人员把正在大厅后面维持秩序的王楠叫到自己的跟前，询问他为什么能够主动站出来维持大厅的秩序，并仔细地看了王楠提交的求职简历。王楠拂了拂额前的头发，面带微笑地说："没什么，我也是求职队伍中的一员，维持好求职秩序和环境，是每一位求职人员应该做的事情，况且主考大人您也需要清净来阅读我们的求职材料。"经过一番问答，这位应聘考官紧握王楠的双手，向他表示感谢。最后王楠在众多的求职者中脱颖而出，成为唯一的成功者。

成功是努力积累而来的，那些一夜成名的人，其实，在他们获得成功之前已经默默地奋斗了很长时间。任何人，要想获取成功都要长时间的努力和奋斗。

要想获得最高的成就，你必须永远保持主动的精神，哪怕你面对的是多么令你感到无趣的工作，这么做才能让你获取最高的成就。自动自发地工作吧！这样一种工作习惯可以使你成为领导者或老板。那些获取了成功的人，正是由于他们用行动证明了自己的能力。

那些成大事者和平庸者之间最大的区别就在于，成大事者总是自动自发地去工作，而且愿意为自己所做的一切承担责任。要想获得成功，你就必须敢于对自己的行为负责，没有人会给你成功的动力，同样也没有人可以阻挠你实现成功的愿望。

什么是进取心？那就是主动去做应该做的事情。

仅次于主动去做应该做的事情的，就是当有人告诉你怎么做时，要立刻去做。

更差一等的人，只在被人从后面"踢"时才会去做他应该做的事。这种人大半辈子都在辛苦工作，却又抱怨运气不佳。

最后还有更糟的一种人，这种人根本不会去做他应该做的事。即使

有人跑过来向他示范怎样做，并留下来陪着他做，他也不会去做。他大部分时间都在失业中。

积极主动地承担自己能够承担的更多工作，全力以赴，迎接工作上的种种“测试”。

关键十七　不要只会说，行动才能成功

马上行动能帮助你去做自己应该做的而又不想做的事情，同时也能帮助你去做那些你想做的事情，抓住稍纵即逝的宝贵时机，实现梦想。永远是你采取了多少行动让你更成功，而不是你知道多少。所有的知识必须化为行动。不管你现在决定做什么事，不管你设定了多少目标，你一定要立刻行动。唯有行动才能使你成功。

会说只是表面功夫

干什么事情只停留在嘴上是不够的，关键要落实在行动上。夸夸其谈、哗众取宠而不注重实干的人最令人反感，成功也永远不会光顾这种华而不实、说而不干的人。能说不能做的人就是一群懒惰的人。

在现实中有很多人遇到事情常会希望他人来插手，自己仅仅只是在旁边动动嘴皮子，而不愿自己付诸行动，只等着坐享成果。很少有人希望自己能够真真正正地凭借着自己的努力、自己的行动来一步一步地接近自己的目标。虽然在这些人的心中，他们都清楚地明白光会说只是一个表面现象，是一种表面功夫，但是，他们由于自身的懒惰而不愿意发动自身的行动力，所以也就任由自己的这种会说不会做的坏习性自行发展下去，最后越演越烈，只能最终以“悲剧”收场。

一个只会说而不将所说的话付诸行动的人，究其实质其实就是一个

懒惰的人，这在任何一个老板心目中都是非常清楚的。一个懒惰的人不论他多能说，他都不能取得成功。任何一个人不论你想要取得什么样的，或者什么方面的成功，你一定不能懒惰。因为一个懒惰的人让人感到厌恶，一个懒惰的员工在公司里尤其让人厌恶。在工作上，大部分的老板都对员工的工作能力和对公司的工作忠诚态度抱有一定的怀疑，似乎不太相信一个员工也能全身心地投入到工作中去，忘我地工作。所以，为了避免别人对我们产生这样的偏见，我们就更是应该勤快地做事，不但是为了避免别人的误会，更是为了我们的将来，我们的前程。

爱迪生的发明包括电报、打字机、实用的电话、第一台留声机，以及家用白炽电灯泡、第一台发电机、电影、储备式电池、混凝土搅拌机、录音机、油印机，以及合成橡胶。总结起来，爱迪生共获得1093项专利。

为了尝试从黄金葛中提炼出橡胶，爱迪生做的实验多达10000多次。我们能够知道这一点是因为他在笔记本中记录了每一次实验的过程。在这些实验的过程中，爱迪生曾向一位记者提到，他已经进行了5000次实验。这位记者觉得很困惑，而问他道："你的意思是，你已经犯过5000次错误了吗？"

"哦，不是的。"爱迪生答道，"我们已经成功地掌握了5000种并不适合的方法。"可以说是行动的意识督促着爱迪生，完成了无数发明创造的奇迹。

成功的秘诀是什么？就是行动！这是一句极有用的自我激励的座右铭。这句座右铭将促使你自觉地立即行动，去做你想要做的事。

那么，如何才能让成功成为生活中的一部分呢？习惯，即重复养成的习惯。某伟大的哲学家说过："以行动播种，收获的是习惯；以习惯播种，收获的是个性；以个性播种，收获的是命运。"习惯造就现在的你，你可以选择习惯。

平时要养成一个良好的习惯——从小的事情开始，立即行动！养成习惯后，机会一旦出现，你就能立即行动。

在生活中，我们看不到任何人只靠着说话就能为自己争得无限的荣誉，为自己创造出坚实的经济基础。每一个人的生活都是靠着自己的劳动、积极的行动来为自己赢得喝彩的。行动才能为自己创造出实实在在的财富，而靠说空话、指挥别人这一套不能为自己带来任何的利益。

彭露是一家地产公司的部门职员，因为觉得自己是这个部门唯一出身优秀的大学生，因此多多少少就觉得自己了不起，有了一种自认为与众不同的感觉。在工作的时候自己并不认真，老是能将自己需要做的事情找别人代劳，而且对于别人的工作老是指指点点，指挥别人应该这样做，应该那样做，当别人要求她做的时候，她自己则坐在一旁，没有任何的实际行动。

彭露这样的只愿意动动嘴皮子，不愿意亲自行动的行为引起了很多同事的不满，但是为了不破坏彼此之间的关系，大家都尽量忍着。

由于会说不愿意做，工作虽是别人在帮忙做，但是成果彭露却要分一杯羹，功劳彭露没有少得。没过多久，上级因为看到彭露的工作做得还不错，正好彭露所属的部门又有一个职位的空缺，因此就给彭露升职了。

这样的事一发生，立刻就将大家所有的不满都激发了出来，虽然大家没有说出来，但是行为上已经处处体现了大家的不满。有的人工作懒散了下来，还有一些人向上级报告说是想要调离现在所属的部门，不想再在这个部门里工作，希望调到其他的部门。上级问大家原因，大家也都闭口不说。

上级经过观察、了解，才发现原来原因出在彭露身上。当上级发现彭露是一个只会说却没有任何行动力的人的时候，出于对公司未来利益和整个公司员工们的公平，公司毅然而然地把彭露开除了，另外一个勤快又有能力的人代替了彭露原来的位子。彭露对于公司对自己的开除理由提不出任何反驳的话，只能老老实实地收拾办公桌走人。

一个人能说会道只能欺骗别人一时，一个人的能力不是靠说话就能够体现的，很多人都明白每一个人说的话里边，特别是吹捧自己能耐的话里边都是掺杂有“水分”的。如果你没有让人看到实实在在的行动，别人是不会轻易相信你的话，他们听你说的话或许只是一种敷衍，或者是出于两个人交流的一种礼貌。但是，从内心上来说，他并没有被你的“滔滔不绝”糊弄过去，他心里依然对你的话存在着怀疑。当你将你的能力用实际行动表现出来的时候，那时候他自会对比，对你另眼看待。

纸上谈兵是永远赢得不了真正的胜利的，要想胜利就要真正去接触“战场”，去在问题中慢慢地摸索，去发现、去总结。只有真正与事情有了接触的人才有言语的权利。

相比于只会用嘴皮子自说自话的人，大家都更加信任脚踏实地的、真正有所行动的人。大家都会想：这个人敢说敢做，一定知道怎么做最好。

每个人都期望幸福，对于成大事者而言，最大的幸福就是劳有所获。辛勤的劳动是成功的阶梯，让自己行动起来的习惯是成功的动力。

那些形成了立即行动的习惯的人总是闲不住，能说不做对他们来说是无法忍受的痛苦。即使由于情势所迫，他们不得不终止自己早已习惯了的工作，他们也会立即去从事其他工作。那些能够让自己行动起来的人们总是很快就会投入到新的生活方式中去，并用自己的双手寻找、挖掘出生活中的幸福与快乐。年轻人要享受成功的幸福，首先得要通过行动付出你的辛劳汗水，只有这样，你才会收获耕耘的快乐。

有人说：“成功的秘诀在于开始着手。”成功其实很简单，只要你立即行动起来，着手去做。不开始行动，总是拖延，永远也不会取得成就。拖延是最具破坏性、最危险的恶习，它会使人终日懒散而无所事事。很多年轻人恐惧困难，懒于行动，把事情一拖再拖，最终后果是：丧失了主动的进取心。

请务必记住“成功在于行动”，牢牢地记住这句话，认真去执行，只有这样我们才能获得丰厚的薪水，迈向成功的大门。

行动才是工作的真谛

生活中随处可以看到这样的人：他们似乎只有等到别人强迫他们工作时，他们才会去工作。但他们对于自己的学识和才能却仿佛一无所知。他们从来没有真正考虑过，自己到底有多少智力与体能，遇到任何事情，他们似乎都是以敷衍的态度，用极少的精力作漫不经心的处理。他们似乎情愿永生永世待在山谷里，也不肯用力气、花心思向山上攀登，不肯下决心爬上山巅，把广袤的世界看个清楚。

迅速行动是一切成就大业者必须具备的起码的资本。对于任何事情，成就大业者既不会马虎也不会退让，他一定会静下心来详详细细地研究，弄得清清楚楚。当他与别人商谈生意时，他用不了一刻钟的工夫就能把来意说得明明白白，绝对不会浪费别人一点时间。当他把自己所要商谈的事情谈妥后，便会立刻打住，告辞而去。

办事干练、为人精明的人大都具有坦诚直率、雷厉风行的性格和作用。他们十分珍惜宝贵的时间，绝对不愿意把一分一秒的光阴耗费在毫无益处的事物上。这种惜时如金的精神，也是每一个成大事者所应具备的品质。

苏珊娜是美国纽约某大型百货公司连续5年的最佳员工。百货公司中的同事每天都会看到苏珊娜精力充沛地开展各项工作，无论多艰巨的任务苏珊娜都不退缩，无论做多少事情她也不喊累，而且她做任何一项工作都精益求精。同事们都对苏珊娜的行动力感到由衷的钦佩，同时也为此感到不可思议，因为工作一天下来，大家都觉得累极了，苏珊娜不仅不感到累，而且似乎还意犹未尽。

更令同事感到不可思议的是，苏珊娜还常常很积极地加班，而且还主动申请干那些不属于自己本应该干的分外的工作。当公司出现危机时，苏珊娜不像其他同事那样急着另谋生路，而是像公司的责任人一样行动起来，不停地思考、寻找各种克服危机的方法……

“苏珊娜好像把公司当成了自己的财产，或者她是一个天生的工作狂，否则的话，她怎么会如此热爱工作，如此为公司的事情大伤脑筋？”公司中的同事们都这样评价苏珊娜。那么公司是如何看待苏珊娜的呢？这里有一段公司总裁在一次大会上的部分讲话：

“公司今年的‘最佳员工’仍然是苏珊娜。苏珊娜已经连续5年获得了此项殊荣，她的家庭应该为有她这样的成员而感到骄傲，她的朋友应该为有她这样的朋友而感到自豪，公司中的所有员工也应该为有她这样的伙伴而受到激励，公司更为有这样的员工而备感荣幸。另外，公司的发展也正是在像苏珊娜一样忠诚、优秀、无时无刻都能动起来的充满行

动力的广大员工的共同努力下实现的。在此，我感谢苏珊娜，感谢像她一样为推动公司发展付出切实努力的员工。”

苏珊娜更是以自己在公司一步一个脚印的成长经历验证了公司总裁对她的高度评价，她后来成为公司的执行副总裁之一，而且是公司最受信任的副总裁之一，而她刚进入公司的时候只不过是一个最普通的销售助理。

有人问苏珊娜，为什么会做得这么优秀？为什么工作起来不知疲倦？为什么要为公司付出这么多精力？面对这么多的疑问，苏珊娜平静地回答道：“行动让我感到快乐和充实。当我接受一项工作任务时，我能够感受到这份任务背后所承载的使命感和责任感，靠这股高效的行动力我实现了个人的价值，并且承担了我在家中和公司里应尽的职责。”

世上没有万无一失的成功之路，任何事情都带有很大的随机性，各种事情往往变幻莫测，难以捉摸。所以，要想在波涛汹涌的成功之海中自由遨游，就必须有行动的勇气。

在成功者的眼中，行动本身就是一种挑战，一种战胜别人赢得胜利的挑战。所以，走在成功之路上的人，人人都应具有强烈的行动意识。

“当行动时且行动”已成为许多成功者的经验之谈。甚至有人认为，获得高薪和成功的主要因素就是行动，做人必须学会正视行动的真正意义，并把它视为成功的重要心理条件。

希望成功又怕行动的人往往会在关键时刻失去良机，因为只有行动才能将你和成功联系在一起。从某种意义上说，越能快速行动起来的人成功的机会往往比较大。

成功意味着勇敢地行动，渴望成功的你从此刻开始行动吧，开始勇敢地行动起来吧!

人的一生要变成什么样不是靠别人的赐予，不是靠“命中注定”，而是靠自己给自己创造一个什么样的未来。自己的未来是靠自己用自己的行动来打造的，行动能为我们带来改变，给自己创造“命运”、带来高薪。

有一句话说得好：“成功不会因等待而来临。”然而遗憾的是，许多人往往都对此视而不见，宁愿等待某种条件或迫切的心境出现时才愿意采取行动。沮丧的人相信要先等到有动力才能外出活动；焦虑的人认为必须先增强自信心才能尝试冒险；疏离的夫妻要求除非对方先改变，否则就无法相处……其实，他们都忽略了，要改变想法和感觉最有效的方法不是等待而是行动。

记得有这么一段话："总是等待着灵感的作家，绝不会成为杰出的作家，因为他们受到自己的心理支配，以为除非自己心情好，否则的话，就什么也写不出来。"一旦养成了这种习惯，不就被情绪所左右了吗？

感觉只是感觉，情绪毕竟也只是情绪，会出现也会消失，只有行动才能把知识变成智慧，也唯有行动才能带来真正的改变。

没有行动就没有改变；没有改变就没有成长；没有成长，人生就变得枯燥、乏味、没有意义。唯有行动，人生才会生动起来，工作也才因此有了意义，自身的价值也才能得到真正的体现。

我们身边总是有很多"思想上的巨人，行动上的矮子"，正因为此，所以我们才会看到那么多自叹自怨的人。他们常常抱怨，自己的潜能没有被挖掘出来，自己没有机会施展才华。其实，他们都知道如何去施展才华和挖掘潜能，他们只不过没有行动罢了。思想只是一种潜在的力量，是有待开发的宝藏，而只有行动才是开启力量和财富之门的钥匙。

我们在说工作的时候，我们总是说"做"工作，一个"做"字体现了工作的真谛和实质。没错，工作是做出来的，是靠行动来完成的。仅限于嘴上的话语代替不了完成了的工作。只有实实在在的行动才能让工作完结。语言和思想只能为我们怎么工作、应该怎么完成它指明一个方向，却不能代替它。因此，不要再用嘴巴来将工作"说"完，而让我们用我们的双手、用行动来将它完成。

国内的一家知名的民营企业某年新招聘了一批员工，其中某名牌大学毕业的王谢和靠自己打工读完中专的甘泉都被选入这家民营企业的市场营销部进行试用，在试用期间，拥有高学历和良好表达能力的小高被暂时任命为市场部市场策划员，而有着一定实战经验的小甘则被安排担任小高的助理，辅助他的工作。

王谢在大学时所学习的专业就是市场营销，而且由于名牌大学开放的教学环境使他有充分的机会接触国外的先进营销理念和营销方式，连

公司市场部的经理都直接对王谢表明，国内的民营企业尤其需要像他这样思维先进、头脑灵活的优秀人才，并且还告诉他，一定要尽自己所学为企业注入新活力，带来新思想。

然而，王谢在试用期的工作表现却让所有抱有期待的高层部经理都失望了。

在平日的工作中，虽然从表面上看来，王谢在企业中的表现很“积极”，凡是他参加的会议、讨论、策划等活动，都少不了他头头是道的演讲；而且当市场部的其他老员工针对某些项目进行市场策划的时候，他也总是少不了在旁边指指点点。

可是，在他重要的自我工作表现中就与他在嘴上的表现相差甚远：在试用期过了一个多月后，王谢连一份完整的方案、计划都没有拿出来，甚至他平常提出的那些具体意见和建议也没有一条被真正采纳，因为他提出的那些意见和建议经过调查根本就不符合实际。

所以在试用期结束的时候，人事部根据具体的绩效考核标准为王谢的表现打上了“不及格”的成绩，那家民营企业随之与他解除了合同。

而与他同期进入公司，成为王谢助理的甘泉，与他的表现是大相径庭。

在试用期期间，当王谢在会议上夸夸其谈的时候，甘泉则一面谦虚认真地向公司市场部的那些老员工学习，一方面又兢兢业业地到市场上进行相关项目的调查。

事实上，王谢每接受一份市场策划的任务，甘泉都会在最短时间内为他找到最丰富的调查资料，甚至还会主动根据市场上的反映把自己的想法设计成一份比较完整的方案，可惜，王谢自始至终都没有看过，更没有在甘泉工作的基础上拿出更出色的策划。

于是在最后试用期过后，甘泉因为在试用期间表现良好，而却被公司留了下来，并且还被公司安排接受营销专家的培训，在接受完培训之后他便成为一名正式的市场策划人员在这家公司任职。

人的一生是由无数的难关组成的，每一道难关的突破都需要我们用自己的行动去打破它对我们的阻拦。如果你现在不用自己的行动去化解它对你的重重阻拦，你永远不会有任何进展。如果你现在不去行动，你将永远不会有任何行动。没有任何事情比下定决心、开始行动更有效果。

我们取得的任何一个进步、一次前进都与我们的行动息息相关，当我们全力行动的时候，我们往往能够取得比较好的结果。但是当我们懒于行动的时候，我们取得的成果就差强人意了。

有一个古老的说法："没有任何想法比这个念头更有力量，那就是：'行动起来!'"没有人会毫无缘故地赋予你希望、梦想、野心或创意，除非你行动起来!

今天就是行动的那一天!

就像上面的那个故事一样，王谢有着那么坚实的理论基础，但是他不肯将自己的理论与实际结合在一起，不愿意用行动来证明自己的高能力，最后只能是以"不合格"离开了公司。而与他同期的同事甘泉却愿意事事都亲力亲为，依靠行动来获得更多的认可。这样的人才是聪明的人，这样的员工才是一名优秀的员工。

对于任何一家公司而言，一名愿意行动起来的高中生远远比那些大谈理论，谈得头头是道，但是一讲到实际行动就推三阻四的大学生要来得有用得多，公司宁愿舍弃是个"优秀"的会说不会做的大学生也要换取一个有行动力的高中生。老板们的心里都十分清楚，理论家在工作中也是可以学成的，但是一个工作者，一个有经验的工作者只有在长年的日积月累中才能成就出来，而一个理论家如果他不去切切实实地接触他的工作，他永远成不了一个对公司有用的人，自然也拿不到任何薪水。

因此，从现在就行动起来，让行动来为我们自己的能力说话。

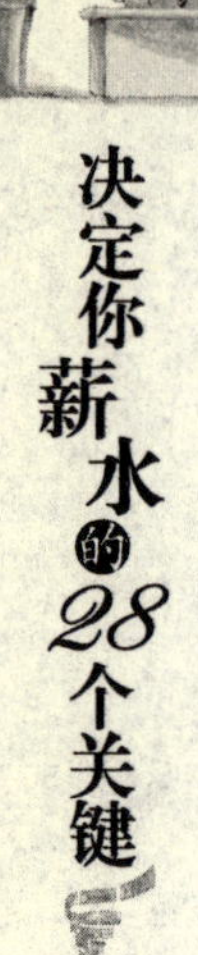

关键十八 不掩饰错误，勇敢承认才能再进步

优秀员工的核心素质是：当遇到错误或者过失的时候，他们总是能够主动承认自己的过失和错误，为自己的失误承担起自己应当担负起来的那份责任，而不是掩盖自己的错误，希望能够蒙混过关，也不会为自己的错误找理由，为失败辩解。因为他们知道，错误是无法避免的，但是只有积极地面对了它们才能够激发自己解决错误的勇气，才能够通过错误让自己成长。

 不掩饰自己的错误

不少人认为，承认自己的错误是一件极为不光彩、很丢脸的事情。因此，当他们有了失误的时候，往往不会主动站出来为自己的错误承担起那份应该担当起的责任，而是一味想要去掩盖自己的错误，希望通过自己的掩盖能够瞒天过海，让整件事情都过去。但是殊不知他们一旦养成了这种习惯后，就不知不觉离高薪和成功越来越远了。

对于错误，有人是这样看待的："如果你已经超过 30 岁，在事业或工作上还没有遭遇任何重大挫败的话，那你快没时间了。每个人都该在 40 岁之前至少应该犯下一次大大的错误。我指的不是哪种小小的失误，比如搞砸一项任务，也不是辞掉一份好工作，更不是被炒鱿鱼，一定要是很严重的过失。敢冒大险，才可能跌得重；跌得越重，以后才有可能

爬得越高。”

这话对极了。没错，人生就像条弹簧床一样，如果我们没有犯错，一个错误也不犯，那不现实，不犯错误的不是人，那是神。只有犯了错误，我们面对错误才能够真正从错误中吸取教训，才能获得成长的资本。而掩饰自己的错误就是想要无视错误，将“历史”抹掉，没有了“历史”的教训，我们又如何走完我们的人生道路呢？

季红是某大型公司的财务人员，有一次她在做工资表时，给一个请病假的员工定了个全薪，忘了扣除他请假那些天的工资。事后季红发现了这个问题，于是她找到这名员工，告诉她下个月要把多给的钱扣除。但是这名员工说自己手头正紧，请求延期扣除，但这么做的话，季红就必须向老板请示。

但是季红知道，老板知道这件事后一定会非常不高兴，犹豫再三，季红还是觉得这场混乱的局面都是自己造成的，她必须想办法解决这个问题，而且最好还不要牵连到自己。

于是季红找了一个机会，告诉老板造成混乱局面的原因是由于人事部门的疏忽，没有扣除一个员工请假该扣的工资。同时她还指责同部门的同事粗心，也没有发现这一问题。老板听了十分生气，他说：“我对你们这样工作感到非常失望，你们应该为自己的失败负责。更让我失望的是你对自己责任的推脱，下个月你辞职吧！”

犯下错误并不是一件可怕的事情，可怕的是在我们犯下了错误之后却没有承认错误的勇气。故事中的人物不仅没有承认自己的错误，还为了掩饰自己的错误将所有的责任和过错都推卸到了别人的身上，若你是老板的话，对于这样的员工你会重用吗？连自己的错误和过失都不敢承认的人绝对会与高职位和高薪水无缘，也与成功无缘。

所以，优秀的员工在犯下了错误之后，绝对不能逃避责任，不能掩饰自己的错误，反而要鼓起勇气，主动地站出来承担自己所犯下的错误以及你的过失所造成的任何后果。

不管我们的才能有多高，但我们始终还是一个凡夫俗子，错误当然也会来光顾我们每一个人。勇于承认错误，是负责任的表现，更是一种担当，根本没什么丢脸可言。当你无意中犯下错误而又能够及时承认，

那么大多数明白事理的人是不会苛责你的，如果你只知道把错误推给别人，那你绝对会受到别人的谴责和公司的不屑。一个员工的能力不强，没有关系，他可以通过不断的努力与反复的练习提高自身的业务技能。但是，一旦一名员工的思想上出现了大的偏差，那么公司就无法再对这样的员工容忍了。

说道面对错误，勇敢承认错误，不为自己辩解，不为自己掩饰，阿里巴巴的总裁马云就是这样的一个好榜样。

在阿里巴巴创业的初期，马云就曾有过一次重大决策失误，即过分追求国际化和过早实施海外扩张。

2000 年，此时的阿里巴巴成立还不到两年时间，但却被马云当做是阿里巴巴扩展海外市场的关键年。2 月份，马云率领着一队人马杀到了欧洲，并放下了豪言壮语："一个国家一个国家地杀过去。然后再杀到南美。再杀到非洲，9 月份再把旗插到纽约，插到华尔街上去：'嘿！我们来了！'"然而到了 9 月份时，人们没有看到阿里巴巴在高空中飘扬的旗帜，反而听到马云宣布：阿里巴巴进入高度危机状态。

马云曾经说过，阿里巴巴从一开始就是一个国际化的公司，这一点是千真万确的。正是因为国际化的定位，因此阿里巴巴同步也推出了英文网站，使其在国外迅速收获了很多认可的声音和荣誉，并得到了诸多海外媒体的关注，这对初期的阿里巴巴来说十分关键。在以后相当长的一段时间里，阿里巴巴都享受着国际化为它带来的优势。

为了适应国际化的要求，马云一开始就把总部放在香港、上海等大都市，在香港的时候公司总部阵容很快就发展到了几十个人，招集了世界各地的高级人才。其中有来自跨国公司的管理人才，也有毕业于海外名牌大学的国际化人才，他们的年薪都高达 6 位数（美元）。同时，为了打造世界一流网站，马云又把阿里巴巴的服务器和技术大本营都放在了美国硅谷。美国技术型人才的开销，自然又是一笔庞大的支出。此外，马云又相继在英国和韩国设立办事处，而台湾、日本和澳大利亚的网站也正在筹备当中，此时的他似乎被眼前胜利的假象冲昏了头脑。就这样，阿里巴巴拉开了向全世界进军的阵势。马云也说出了震惊四座的话："在公司的管理、资本的运用、全球的操作上，要毫不含糊地全盘西化……阿里巴巴要的是放眼世界，挑战世界，真正做到打进全球市场。”

然而众所周知，国际化不是一个随意为之的战略，它就像是一把双刃剑，如果把握不好就会对企业造成伤害，任何一个企业如果想走国际化路线就必须先打开本土市场，要有金钱和实力做后盾和铺垫，而阿里巴巴过分过早地追求国际化显然违背了市场规律。当时的阿里巴巴还不具备走向世界的实力，它的扩张速度整整提前了5年时间，这一决策的失误不仅使阿里巴巴浪费了许多宝贵的资金，还一度陷入绝境。

在阿里巴巴急于对外扩张的这段时间里，所有网站每月的花销都是天文数字，几乎每个月都要支出大约100万美元。到2000年年底互联网泡沫破裂时，阿里巴巴的账上只剩下700万美元了，按照当时花钱的速度，这个数字只够维持公司半年的运转。当互联网冬天来临时，所有风险投资商答应的新投资全部都中断，阿里巴巴近乎疯狂的海外扩张不得不停了下来。后来，当马云回忆起这个错误的决策时，说道：“互联网上失败一定是自己造成的，要不就是脑子发热，要不就是脑子不热，太冷了。”

好在阿里巴巴的海外扩张及时停了下来，好在马云认识到了自己的错误，更好在他承认并且改正了错误，我们才能看到今天强大的阿里巴巴网站，一个让所有的中国人都为之骄傲的网站。

作为一个高度受人注目的公众人物，马云从来不为自己所犯的错误辩解什么，他也承认做企业犯错误是不可避免的，但这些错误不是垃圾，不能把它们扔掉，而是一笔巨大的宝贵财富。如当别人问到在公司发展的过程中，有没有出现过决策失误时，马云毫不犹豫地回答说：“错误多了，在各个领域我们都做过愚蠢的事情。其中包括用人、资本、管理与进入某个领域时用什么产品……也许10年、8年以后我们能写一本书，说说阿里巴巴犯过的错误。提起当初的错误，大家都相视而笑，说声‘惭愧，惭愧’。”

世界上没有一个人能保证自己永远不犯错误。犯了错误，不要想办法去掩饰，要诚实地承认错误，并找出原因，确保下次不再犯同样的错误。这样才会帮你成功地实现目标。

面对失误时应做到以下两点。

1. 勇敢面对，不要逃避

错误已经发生，已经成为不可改变的事实，逃避和掩盖都是无济于事，没有任何意义和价值的。只有勇敢面对，积极地想补救的办法，并从中吸取经验教训才是最正确的做法。面对错误，要想逃避责任、逃避处罚，就必须寻找借口，甚至可能用说谎来掩盖自己所犯的错误，这样最容易使人错上加错。虽掩饰了小错，却犯下了更大的错，让自己背负更沉重的包袱，在错误的泥潭越陷越深。所以，不要用错误掩盖错误，勇敢面对，承担责任才是唯一出路，也可能再进步。

2. 查找原因，吸取教训

两次掉入同一口井的人，上帝也救不了他。犯了错不要紧，重要的是查找犯错的原因，客观原因就罢了，而主观原因就必须深查彻查，完全杜绝下次再犯的可能。吸取教训可以让你在以后的工作中做得更好，干得更漂亮。如果你无法从过去的错误和失败中找到有益的东西，白白浪费学习经验的机会，那成功对你来说是遥遥无期。

戴尔公司的创始人认为自己最感自豪的事，就是公司的全体员工敢于正面迎接任何问题，敢于用坦诚、果敢的态度去面对所有错误，而不是否认问题的存在，找借口搪塞。戴尔员工的口头禅是“不要粉饰太平”，意思就是“不要试图把不好的事情加以美化”。如果做错了，问题迟早会暴露出来，直接面对，想方设法尽早解决，以避免事态进一步扩大，才是最明智的做法。

错误更能鞭策自己奋发图强，苦练“技艺”

错误是一剂良药。错误意为对自己的不足有一个比较深刻、正面的认识，给自己一个机会认真地反思一下自身的毛病，自我检查自己的行为、想法和观念，把自己做事的方式方法是否得当都认认真真地思考清楚，然后纠正自己的错误，修正自己所走的人生道路。错误就像一条纠正我们前行道路的鞭子一样，不断地鞭策我们让我们离开偏离赛道的道路，走在一条正确的道路上，指引着我们接近成功，赢得胜利。错误让我们认识到自身的问题，让自己变得越来越好，越来越优秀，我们做事会越来越得心应手，我们的事业会越来越成功，我们的薪水会越来越丰厚，我们的生活会越来越幸福。

世界上最强大、最有可能取得成功的人，就是那些坚忍不拔的人。无论你现在的境况如何，都要保持坚忍不拔、百折不挠的精神。

任何成功的人在达到成功之前，没有不出现错误的。“你应把错误当做是使你发现你思想的特质，以及你的思想和你明确目标之间关系的测试机会。”如果你真能理解这句话，它就能调整你对逆境的反应，并且能使你继续为目标努力，出现错误绝对不等于失败，除非你自己这么认为。

爱默生说过：“我们的力量来自我们的软弱，直到我们被戳、被刺，甚至被伤害到疼痛的程度时，才会唤醒包藏着神秘力量的愤怒。伟大的人物总是愿意被当成小人物看待，当他坐在占有优势的椅子中时会昏昏睡去，当他被摇醒、被折磨、被击败时，便有机会可以学习一些东西了；此时他必须运用自己的智慧，发挥他的刚毅精神，他会了解事实真相，从他的无知中学习经验，治疗好他的自负精神病。最后，他会调整自己并且学到真正的技巧。”

事实证明，无论做什么事情，要取得成功就不能惧怕失败，因为成功的背后是无数次的错误的累积。曾经有人说过：“世上无难事，只要肯登攀。”只要不放弃，我们能够正视我们所犯下的这些错误，那么错误也可以将我们送向成功的顶端。的确，错误并不可怕，可怕的是我们没法正视和吸取错误带给我们的教训和启示，做不到这一点，我们就很难取得最后的成功。

有位杰出的钢琴女教师，在为人指导演奏时，从来都不多说什么教育的话。每当学生拉完一首曲子之后，她会亲自再将这首曲子演奏一遍，让学生们从聆听中学习自己的拉琴技巧。她总是说：“琴声是最好的教育。”这位钢琴老师在收新学生时，会要求学生当场表演一首曲子，算是给自己的见面礼，而她也先听听学生的底子，再给予分级，然后便于单个指导。

这天，女教师为了艺术普及进行一场公开的表演，以便更多的孩子能接受到钢琴的艺术感染。她在大讲堂采取了同样的方式，面对那些有浓厚艺术兴趣的学生和众多的学生家长，进行对学生的考核，而每个学生都进行同曲演奏，以此来看出水平。

很快，轮到一位新学生开始弹奏，琴音一起，每个人都听得目瞪口呆，因为这位学生表演得相当好，出神入化的琴音有若天籁之音。

这位钢琴女老师照例来到钢琴前坐了下来，在学生演奏完毕的时候。但是，这一次她却把手放在腿上，久久不动。最后，这位女教师站了起来，并深深地吸了一口气，接着满脸笑容地走下台。这个举动令所有人都感到诧异，没有人知道发生了什么事。

这位女教师很认真地说："不得不承认：这个孩子弹得太好了，在这首曲子上，我恐怕没有资格指导他。最起码我的表演将会是一种误导。"这会儿大家都明白了她宽阔的胸襟，顿时响起一阵热烈的掌声，送给学生，更送给这位女钢琴老师。

这个故事虽不是讲女教师有什么错误，但它告诉我们，当我们正视自己的不是时，正是我们取得再次进步的开始。

错误虽给人带来痛苦，但它往往可以磨炼人的意志，激发人的斗志；可以使人学会思考，调整行为，以更佳的方式去实现自己的目的，成就辉煌的事业。有位科学家说："人们最出色的工作往往是在处于逆境的情况下做出的。"因此可以说，错误是造就人才的一种特殊环境。

当然，错误并不能自发地造就人才，也不是所有经历挫折的人都能有所作为。法国作家巴尔扎克说："错误就像一块石头，对于弱者来说是绊脚石，让你却步不前；而对于强者来说却是垫脚石，使你站得更高。"只有抱着崇高的生活目标，树立崇高的人生理想，并自觉地在错误中磨炼，在错误中奋起，在错误中追求的人，才有希望成为工作中的强者，也才有机会获得高薪水。

正所谓："不经一番寒彻骨，怎得梅花扑鼻香？"只要能坚定信念，勇敢去挑战我们所犯下的错误，你就可以拨云见日，踏上成功的大道。对于错误只能去面对它、正视它，坚持自己心中必胜的信念，相信这些错误不算什么，再大的险阻困难也能承受。

一个人最难能可贵的不是他能取得多大的成就，而是当他面对着自己的不足和错误的时候能够勇敢地承认。一个人倘若具备了这种能够直面自身不足的精神，他离成功只是一个时间问题，他一定能够取得成功。

错误帮助我们清楚地认识自己，帮助我们调整我们自身的能力素质，让我们一步一步地变成一个优秀的人才。对错误的正视能够激发我们内心中的不服气，能够让我们生出更多的勇气去纠正自己的毛病，让我们一步一步地更加地接近成功。

通向成功的路上，并不只是铺满鲜花，还潜伏着种种荆棘。错误其实是阻碍我们前进的荆棘，我们得学会在错误中磨炼自己，唯有如此人才能增强自己面对现实的能力，才能让自己变得更强大。

格里在西尔公司当采购员时，曾经犯下了一个很大的错误。

该公司对采购业务有一项非常重要的规定：采购员不可以超支自己的采购配额！如果采购员的配额用完了，就不能再购新的商品，要等到配额拨下后才能进行采购。

在某次采购季节中，有一位日本厂商向格里展示了一款很漂亮的手提包。格里身为采购员，以他的专业眼光来看，认为这款手提包一定会成为流行商品。可是，这时格里的配额已经用完了，他突然后悔起自己之前不应该冲动地把所有的配额用光，导致现在无法抓住这个大好机会。

格里知道自己现在只有两种选择：一是放弃这笔交易，虽然这笔交易肯定会给公司带来极高的利润；二是向公司主管承认自己的错误，然后请求追加采购金额。

格里决定选择第二种方法。他一进主管的办公室，就对主管坦承："很抱歉，我犯了个大错。"然后将事情从头到尾解释了一遍。

虽然主管对格里花钱不眨眼的采购方式颇有微词，但还是被他的坦诚说服了，并且拨出需要的款项。

结果手提包一上市，果然受到消费者热烈的欢迎，成为公司的畅销商品。

一位哲人指出："错误是人生的宝藏。"错误和挫折才是人生真正的财富，它们就如同一剂清醒剂，当我们对社会、对自己认识不清时，当我们站在偏离目标的轨道上时，当我们越来越脱离实际时，便跳出来发

出一记警告令我们重新回到正确的位置上。其实，成功就是这样在我们不断犯下错误，又不断修正的过程中得来的，只要能坚持下来，成功就会离你越来越近。

只要你能充满信心，了解跌倒并不是什么可耻的事，而是另一个迈向成功的机会，错误和挫折不过是其中的小插曲，并以积极的心态去面对，你就可以重新敲开成功之门。必胜客创始人的创业经历就很好证明了这一点。

他说必胜客的成功要归因于自己从错误中学到的经验，在经营某个分店失败之后，让他学到了选择地点和店面装潢的重要性；在又一个分店经营的失败后，让他做出了另一种硬度的比萨；当地方风味的比萨问世后，他又向公众介绍了某一城市特有风味的比萨……

必胜客的创始人失败过无数次，但是，恰恰是他可以把这些犯下的错误、遭遇的失败的经验变成成功的基础，并能以积极的心态面对这些错误和失败，才能让他的必胜客在十九年内就拥有了几千家连锁店，总价值达到上亿美元。他经常告诫其他也想创业的人："你必须学习错误，必须用积极的态度来面对可能的错误，当错误后再站起来，再出击，才能学会成功。"

关键十九　要在工作上多动脑筋

未来学者曾预言，创意革命是继农业革命、工业革命、信息革命之后的自然继承者。有人说过："正因为求变是发展的主题，所以今天任何一家公司真正的力量来源就是创意，而剩下的就是管家的工作了。如果你想与这个持续不断变化的世界同步，就得保持创意源源不绝。"

单一的重复是机器，不要因循守旧

在工作中，许多员工抱着坚守岗位的态度，一切因循守旧，缺少创新精神，认为创新是老板的事，与已无关，自己只要把分内的工作做妥即可，再别无其他。

这种思想实在要不得。要知道，谁也不比谁强，谁也不比谁差。你所拥有的，别人同样也拥有。如何能够突围而出，高人一筹？

发掘、创新行为不仅对公司有利，也对员工本人的形象、声誉、能力和前途更有利，无论创新的意念是否被老板接纳，进行得是否顺利，都能显示出你对公司的热诚和责任感。

在竞争激烈、瞬息万变的经济活动中，重复自己，模仿别人，墨守成规，就没有持久的生命力，许多新的致富机会便会悄悄从身边溜走。因此，只有培养创新意识，提高创新素质，增强创新能力，才会使你不断地突破自我获得成功。

在工作中，总是看到一些员工浑浑噩噩，不知道应该做什么，不知道该怎么做。还有一些员工做事古板、不知变通，不懂思考，很难想象这样的员工能有好的创意。

其实，要想有一个好的创意并不难。人类生活多姿多彩，处处充满着机会，处处都有可以挖掘的宝藏。工作中、生活中并不缺少创意的土壤，只要你有一双善于发现的眼睛和一颗善于思考的头脑，那么，在工作、生活中的各个角落，你都可以收获创新所带来的丰硕成果。

每一个老板都是精明的，对于员工的工作成绩老板都了如指掌，不要以为老板每天只是坐在豪华的办公室里看报喝茶，每个老板都希望员工的工作能超出自己的期望，带着思考工作而不是机械地工作。身为员工，不能按部就班地去执行老板的指令，要像老板一样去思考，这样才能提高工作效率，为公司创造更多的财富，而自己也才能有更多的机会。

在工作中很多人都懒于去对自己手上的工作花心思，给它们寻找完成它们的新方法、新捷径，他们总是认为现在的方法就已经是最好的了，自己无须再去发掘其他更好的方式，久而久之便养成了习惯。比如看到牙签，人们就会简单地把它与竹子联系在一起，殊不知韩国人却想到了用土豆淀粉制作牙签，不仅达到了剔牙的作用，而且还可以用来吃。据报道，能使韩国人想出这么创新的点子，是因为有些养猪场的猪吃了带有竹子牙签的残羹剩菜，出现了死亡现象，于是一些富有创新思想的人就想到了改用土豆淀粉制作牙签，不仅有趣而且具有创意。

思维永远快人一步，习惯永远高人一筹。虽然别人可以偷走你的成果，但永远也偷不走你的智慧。因此，只要我们稍微改变一下自己的思维方式，永开创新的路子，永具独到的智慧，将创新变成自己的日常习惯，使自己永远立于竞争的潮头，创新也就变得很简单。

综观事业上颇有成就的员工，他们很少从常规去思考问题，而是站在创新的立场上去考虑。而敢于突破、勇于创新的员工，常常是老板物色的对象，因为员工创新能力的高低很大程度上决定着公司创新能力的高低，而公司的创新能力又决定着公司的竞争力。

一个人要想获得成功，就要突破常规、跳出惯有的思维习惯，想别人所不想，干别人所不干。这个世界上，创新就是成功之门。

创新来自于对生活的发现，只要你敢于发现，善于思考，你会发现，能给你惊喜的创新其实并不难发现。

大脑在什么情况下才有创造力？心理学家的研究证明，当人用心的时候，大脑的创造力最强。因此，只要我们用心地为公司工作，将心思都放在工作上，哪里还会有什么因循守旧的情况出现。因循守旧是因为我们都不愿意动脑筋，想要偷懒。只要我们愿意用心工作，我们必定能使得自己成为公司的中流砥柱，获得丰厚的薪水自然也容易得多了。

早年间，由于受经济风波的影响，日本的东芝电器公司积压了大量的电风扇销售不出去。为此，公司的有关人员虽然绞尽脑汁想了很多的办法，但销量还是不见起色。看到这个情况，公司的一个基层小职员也努力地想办法，几乎到了废寝忘食的程度。

一天，小职员看到街道上有很多小孩子拿着许多五颜六色的小风车在玩，脑子里突然想到：为什么不把电风扇的颜色改变一下呢？这样既受年轻人和小孩子的喜欢，也让成年人觉得彩色的电风扇能为屋里增光添彩啊！

想到这里，小职员急忙跑回公司向总经理提出了建议，公司听了这个建议后非常重视，特地召开了大会仔细研究并采纳了小职员的建议。

第二年夏天，东芝公司隆重推出了一系列彩色电风扇，一改当时市场上一律黑色的面孔，很受人们的喜爱，掀起了抢购狂潮，短时间内就卖出了几十万台。公司很快摆脱了困境。而这位小职员不但因此获得了公司 2%的股份，同时也成了公司里最受大家欢迎的职员。

不再因循守旧对于企业来说，是给整个企业的进程都进行了加速运动；对于个人来说，是核心价值所在。如果你总是重复别人的工作，没有创造价值，那老板岂不是亏大了？而也正是工作上的这种放弃遵循别人已有的工作轨迹而使得你不断地在工作中能够有所发现，不断自我鼓励，实现公司利益的同时达到个人价值的最大化。

生活在这样一个变化多端的社会，每一个职员要在这个社会中占有不可动摇的地位的话，就需要我们具有最灵活、最敏捷的应变能力，审时度势、纵观全局，进行思维上的创新，及时做出可行、有效的举措。从某种意义上说，在现代社会中，这种素质已经成为一种新的生存能力：

谁能最及时地正确洞察社会变化，并能最迅速地作出反应，进行思维上的调整，谁就将走在前头；而头脑封闭、反应迟钝、因循守旧、故步自封，次次按常理出牌的人，会一再地坐失良机。

不走寻常路、不因循守旧的性格特质对于每个人来说都是人生的一种境界，也是自我发展、个人成长的终极目标，尤其是青少年在渐渐独立面对社会，渐渐单独置身于成人世界的过程中，如果具有创新意识，就会减少许多意外的麻烦和内心的挫折感，会更快地增强韧性、应变力和勇气，能够更好地成长起来，也会早一天显示出自己的创造力。

在工作上要多动脑筋，多进行创新

员工善于在工作中创新，不断推陈出新，企业发展才会加速，其推出的产品、提供的服务才会有新意，才能永远走在行业前列。对于个人发展来说，创新会让工作更有乐趣，更有意义，会不断深化你在某个领域的认识、见解，成为这个领域的前沿人物。而客观上，创新可以让老板对你另眼相待，从而打开工作局面，优化工作环境，提升薪资水平，完善职业生涯。

缺乏思考习惯的员工在任何一家企业都不会受到老板的重用，因为他们很少能把事情做到更好。通常老板给员工布置任务，如果让员工做到 1，他会点拨到 0.5，但他希望员工能想到 2 甚至 3，做到 1.5 或 2。假如员工连想都不想，就那么照方抓药似的做了，肯定不会有更好的成效。老板喜欢的是创造性地理解，然后创造性地发挥，而不是把一些不经大脑琢磨的东西堆积到他眼前。

在竞争越来越激烈的今天，每个企业、个人都千方百计地想用最快的时间标新立异，以吸引眼球，通过什么途径才能实现这一目标？创新!创新已经成为当今竞争和发展的主旋律。你要想改变自己的生活，就要懂得创新；企业要实现发展，必须创新。创新，才能实现与别人的“差异化”，树立自己的形象。

爱思考的员工一接受任务就考虑从哪儿着手，怎样节省成本，提高利润。在执行过程中他们会不断完善方法，提高效率。事后他们总结经验教训，可以说工作的每时每刻都在思考。

一位哲学家曾经说过："把时间用在思考上是最能节省时间的事情。"事实上也正是如此，养成了良好的思考习惯，他才能从工作中推陈出新，创造出具有创新意义的新的计划或者提出有建设性的建议出来。而那些懒于思考的人，就只能走在别人走过的脚印上，永远只能够甘于平庸，薪水也自然平平。

有这样一句话几乎人人耳熟能详："天才是1%的灵感加上99%的汗水。"这句名言让我们懂得勤劳和汗水可以造就出天才和成功。其实不然。因为在这句话的原文后面，还有这样一句关键的话："但那1%的灵感是最重要的，甚至比那99%的汗水都要重要。"

很多人一直在想到底什么是创新，在他们眼中，创新总是盖着一层十分神秘的面纱，让他们觉得无法靠近。那到底什么是创新呢？创新其实就是一种卓有成效的思考方法，引领人们发现新途径的一种方式，一种崭新的思维方式。本质上，就是一种创新思维的化身（影子）。

回顾历史长河，从古到今，从古代四大发明，到近代工业制造；小至企业发展，大至社会行业兴衰，都离不开创新思维。可能勤劳并不能带来本质性的改变，汗水不能绝对提升社会的进步和发展，而创新性和创造力却能！

时光车轮行至21世纪，电子计算机出现，令如今的世界网络普及，新行业不断诞生，人类工作方式、人际沟通途径等诸多方面都发生了巨大变化，世界进入了前所未有的新时代。而新兴的行业中，如创意产业和信息产业发展的基石就是创新思维，人类日常的经济生活没有像历史上任何一个时代如此依赖创新思维。

创新思维为公司带来的不仅仅是利益，更是在公司的历史和企业文化中添加了那点睛的一笔。如果一个作为员工的你愿意为公司不遗余力地思考，为公司经营和运行思考出行之有效的新方法、新路数，那么，你在企业的地位将会步步攀升，薪水也会节节上涨，并且必将受到老板的重视。只要我们能够全心全意地为公司的未来思考，为公司的利益拼

搏，那么我们必然会成为公司的栋梁、企业不可或缺的那个人。

一个年轻的摄影记者带着家人一起到海边度假。因为职业习惯，他总是留心观察那些有意义的生活画面。年轻的摄影记者连续几天在海边散步时都发现，有一位老渔夫总是会在这个时候打上一网鱼。这里的鱼种类繁多，老渔夫的捕鱼本领也很高，所以每次年轻的摄影记者和他的家人都会看到老渔夫能够打捞上满满一网鱼。

不过年轻的摄影记者却发现一个十分奇怪的现象，当这位老渔夫费力地将一网还活蹦乱跳的鱼拖到岸上之后，他总是将网里面的大鱼都重新扔到海里，而只留下一些很小的鱼带回去。年轻的摄影记者觉得很奇怪，经过好几天的观察，他发现老渔夫每天都是如此。心中怀着疑惑的摄影记者决定去问问老渔夫其中的原因。

这一天吃完晚饭之后，摄影记者没有像往常一样陪着家人散步，而是站在老渔夫每天靠岸的地方等待着老渔夫的出现。老渔夫仍像过去一样准时出现了，他这一次仍旧打了满满一网鱼，同样像往常一样用力将沉甸甸的渔网拉到岸边，然后又解开渔网将其中个头较大的鱼一条又一条地重新扔到海里。年轻的摄影记者蹲下身问老渔夫："请问你为什么总是把费尽力气捕到的鱼扔回海里呢？如果是因为发善心，那你应该将小鱼放生呀！我实在想不明白你这样做的原因。"听到眼前这位年轻人的问题，老渔夫不以为然，平静地说："有什么好奇怪的，因为我家的锅太小了，大个的鱼根本没法下锅，所以我才把大鱼都扔回海里。"

摄影记者一直都认为老渔夫这样做必定有自己的理由，可是如今听到老渔夫的解释时，他更是感到不可思议。于是他说："那你们为什么不换一口大一点的锅呢？这样一家人不是每天都可以吃到美味的大鱼了吗？"听到他的话，老渔夫脸上露出吃惊的表情。只听老渔夫说："那怎么可以呢？我家的锅是和灶相配套的，灶只有那么大，锅太大了岂不是没法烧火做饭？"听到老渔夫的话，年轻的摄影记者仿佛找到了事情的根源，于是他大声对老渔夫说："这还不好办，重新垒一个灶，然后再换一口大一点的锅，这样一来，问题不就全部解决了吗？这不是比每天都要花时间把好不容易捞上来的大鱼扔回海里强百倍吗？"说这话时，年轻的摄影记者一脸得意。可是当听到老渔夫接下来的话时，他再也无法得意，而且实在不知道该说些什么好。老渔夫是这样说的："这灶和锅都是我爷爷留给我父亲的，然后我父亲又留给了我，我只知道如何靠这副锅灶来煮饭、吃饭，可是却从来不知道怎样垒一个新灶、换一口大锅，即使有人帮我换一个锅灶，我也不知道如何用新的锅灶做饭，因为父亲当年没告诉我。"

这虽然只是一个故事，但是我们能够从这个故事中看到，一旦当我们放弃了创新，只是一味遵循旧有的生活方式，或者工作方式、方法，那么，我们的生活基本上就与悲哀画上了等号。

故事里的渔夫因为已经形成了一种固定的思维模式而没有办法再接受新的煮饭的用具而放弃了许多大鱼。如果我们将这个故事套用在我们的工作中，那就是我们因为放弃了为公司推陈出新，而让一件件能让公司和我们个人创造更大利益的项目和机会白白地拱手送人。如果我们真的能够放任自己懒惰到这种地步，那么这样的员工就没有救了，而聘请这样的员工的公司，也没有救了。

那么，对于我们每一名员工而言，应该怎么做才能培养出我们自己的创新能力呢？

1. 注意总结前人的经验和智慧

任何一项创新都不是无源之水，无本之木。因此，如何利用前人的知识和智慧在创新工作中是非常重要的，也只有如此，工作才可以少走弯路，才可以避免很多不必要的麻烦。前人的经验和智慧是创新工作的基础，通过借鉴前人的工作，才可以站在巨人的肩膀上看待问题、考虑问题和解决问题。

2. 注意发现和总结前人失败的教训

失败是成功之母，但如果一味失败而不去考虑失败的原因对工作是没有任何帮助的。通过前人失败的教训可以发现很多问题，还可以通过改变方法和途径，成功地解决一些眼下遇到的问题。

3. 学会借鉴和组合

单纯借用别人的经验和成果，没有自己的努力是不行的。借鉴可以是思路，也可以是方法，更可以是产品。不要认为"拿了"别人的东西而觉得对不起别人，只是合理的知识借用而已。鲁迅先生曾经告知国人，

要有“拿来主义”精神，去借鉴别人好的东西来弥补自己的不足，做到取长补短。企业发展也是如此，个人工作亦不例外，但是一定要在学习、借鉴的基础上消化、吸收，使之成为自己的一部分，才会有创新的灵感。

4. 遇到问题从多方面考虑，持之以恒，养成思考的习惯

只有这样，创新才能在不知不觉中出现，单纯地为创新而创新，出现的概率也会很小。只有从多方面考虑和解决问题，才有解决问题的灵感，才能创新。千万不要把灵感放走，生活中每个人都是有灵感的，一旦产生就要记录下来，时间一长，新的思路、方法和途径自然就出现了。

关键二十　不浪费每一分钟，提高工作效率

歌德曾经说过：每个人都有足够的时间，关键是要善于利用。还有一句名言：一寸光阴一寸金，寸金难买寸光阴。可见，时间是多么的珍贵。其实，就时间本身来说，并无价值，它的价值体现于它在流逝的过程中，人们利用它作出了多少贡献。如果你能珍惜时间，利用每一分、每一秒做一些有价值的事情，那么时间在无形中就形成了一种财富，也会为你带来高薪水。

 公司的每一分钟都是金钱

人们常说时间就是金钱，但此种说法却低估了时间的价值。通常，时间要比金钱宝贵得多。

朱自清在他的名篇《匆匆》中写道："洗手的时候，日子从水盆里过去；吃饭的时候，日子从饭碗里过去，默默时，便从凝然的双眼前过去；我觉察他去的匆匆了，伸出手遮掩着时，他又从遮掩的手边过去。"是的，时间在匆匆地流失，抓起来像金子，抓不住就像流水。

成功者们往往是惜时如命的，他们不会刻意地浪费生命中的一分一秒。即使你富可敌国，可以买尽你想要的东西，但是时间永远不可能成为你的商品，唯有充分利用每分每秒，改掉随意浪费的不良习惯，才能更好、更有效地提高工作效率，并提高自己的薪资水平。

每一名优秀的员工在执行任何一项工作任务的时候，不仅去做，还要确保在规定的期限内做好，甚至是比规定的期限要提前。而要做到这样，你就要有专注力，就要想办法提高自己的工作效率，否则一切都是纸上谈兵。

什么是高效率？高效率就是用最短的时间做好每一件事，且不犯任何一个错误。

为什么说是在最短的时间做好每一件事情，且不犯任何一个错误？因为有时我们虽然在最短的时间内完成了某一项工作，但是，我们完成的工作中却有这样那样的纰漏，这样完成任务是不合格的，它等同于没有完成。所以，我们说高效不仅仅是在最短的时间内把工作做完，而且还要把它做好。

有位广告经理曾经犯过这样一个错误，由于完成任务的时间比较紧，在审核广告公司回传的样稿时不仔细，在发布的广告中弄错了一个电话号码——服务部的电话号码被他们打错了一个。就是这么一个小小的错误，给公司带来了一系列的麻烦和损失。

像上面这位广告经理这样完成工作不能叫做高效，因为他没有完成工作任务，他把事情搞砸了。他不但没有为公司赢得利益，还害得公司损失了利益，自然也会影响他自己的薪水。这样的错误对于一个优秀员工而言是不容许的。

时间是构成人生、创建业绩的重要元素之一，如何把握时间、珍惜时间、充分地利用时间，在有限的光阴里缔造成功人生、创造美好未来，是每个胸怀志向的人务必面对的现实。

小艾在深圳参加过的一次潜能开发培训，就试图通过一系列体验式、启发性的课程，让每位参训者感受时间的仓促和紧迫性，感悟每分每秒的作用和效应，从而培养出一个成功人士应当具备的不同寻常的强烈的时间观念。

别出心裁、深入浅出的正式培训过程（分八个步骤进行），只需八分钟。可是，这短短的八分钟，在朋友心底却留下很大震撼。

一分钟沟通：在即将进入活动现场之际，一位30多岁的女培训师轻柔地对小艾说："也许，今生今世，我俩就只有这一分钟的相处时间。

不过，能看得出来，咱们一样，都是苦孩子。事业未成功，亲朋隔远天，漂泊奔波间，人生已过半。有时候，哭都找不到地方……”她说了不到一分钟，小艾的心里已阵阵酸楚。接下来就是一连串的培训活动。

一分钟翻币：覆盖着玻璃的桌面上，摆放着60枚一分的硬币，这些硬币全都是背面朝上的，必须在一分钟之内把它们全都翻过来。小艾慌慌张张地把硬币全翻一遍时，桌面上还剩下58枚，另两枚已滚落在地面上。

一分钟点钞：一沓崭新的厚厚的百元钞票，看你一分钟之内能点多少张。向来笨手笨脚的小艾居然在短短的一分钟里点了269张，这个数字令朋友惊讶。

一分钟蹦跳：真没想到，短短的一分钟时间里，小艾竟然能就地蹦跳100余次。

一分钟削梨：真没想到，短短的一分钟时间里，小艾竟然能削好一只大梨。

一分钟阅读：培训师发给一册薄薄的小本本，让小艾翻阅一分钟之后，马上回答培训师的提问：封二和封底是什么颜色的，书名是什么，谁写的，书中介绍了什么，全书的印刷一共使用了几种字体，以及落款日期、多少页码，等等。

一分钟发型：发给一把梳子、一个圆镜、半盆清水，务必在一分钟之内，为自己梳理出一个全新的发型。

一分钟换装：在一间备好新衣的房间里，务必在一分钟之内从里到外换上一身全新的服装（包括领带和鞋袜）。

“真没想到，几分钟之后，从里到外，我已蜕变成一个全新的自己。”小艾如是说道。

很多时候我们都忽略了一分钟的作用，我们从上面的这件事情可以看得出来，其实我们对每一分钟都应该珍惜。每一分钟看起来不多，但是它也是财富，我们所创造出来的财富就是靠着我们每一分钟的累积而来的，没有每一分钟的累积，任何事情都不可能实现。

有位企业领导人在发言中曾经指出，现在所谓的能力、素质以及创新被大家炒得火热，其实他们公司最看重的人才是有了想法能够迅速行

动的人。这个社会在快速发展着，迟一秒也许就会丧失良机。方案再漂亮，只要错过了最佳时机，那么也只能是废纸一堆。

其实对于有些人来说，养成浪费时间的习惯是其工作态度问题，而不是天生的工作效率低下。如果一个人做事情本来就慢，或者由于经验不足导致其工作延后另当别论。但如果是故意放纵自己，散漫对待工作任务，则会成为老板眼中的不良分子了。

浪费时间的人不但对工作不负责任，而且也是对自己不负责任。在快速发展的今天，效率是所有公司追求的目标，态度是考验一个员工的标准。所以，不要做那个浪费时间的人。

天下最悲哀的一句话就是：我当时真应该那么做却没有那么做。每一个工作，不论是经营事业或从事科学、军事，还是在政府机关工作，都需要脚踏实地的人来执行。老板在聘用重要职位的人才时，都会问如下问题：你愿不愿意做？你会不会坚持到底把事情做完？你能不能独当一面？你是不是光说不做、有始无终的那种人？其实，再好的构思也会有缺陷。即使是很普通的计划，如果确实执行并且继续发展，都比半途而废的好计划要好，因为前者会贯彻始终，后者会前功尽弃。

人世间的事情，没有一件是绝对完美或接近完美的，如果你要等到所有条件都具备以后才去做，那你就只能永远地等待下去了。要做一个珍惜时间的人，从现在就开始行动，别让任何一分钟从你的指间流走！只有这样，我们才能成功。

其实，我们的没效率可以分为两个方面：一是因为我们没有真正地静下心来工作。我们很多时候会将时间用在聊天、上网、玩游戏、遐想中，当工作中的大部分的时间被许多与工作无关的事情消耗掉时，那么我们的工作时间自然而然也就变得少了，这样也就导致了我们工作效率的低下。二是我们自己在对工作没有一个详细的安排，或者对工作任务没有一个细致的计划。我们所做的每一件事情我们都是在想到什么就做什么的状况下进行的，整个工作完成起来毫无章法可言，缺乏整体的规划，因此我们在工作的时候大部分时间是处在盲目的工作阶段。自己不知道自己下一步应该怎么走，自己也不知道自己现在所完成了的部分是否已经达到了合格的标准，不知道是不是还有更好的施行方案。这每一步的不确定就造成了整个时间的浪费，因为目标性不强，所以不知道自己的力量是否用在了该用的地方，自己在使力的时候就会有所保留，所以致使了整个工作结果上的差强人意。

最后，要学会把“重点是什么”作为口头禅来使用。

为了更有效率地工作，我们应该让自己养成“给我重点其余免谈”，或“现在最重要又紧急的事情是什么”的思考习惯。人脑是很奇妙的，如果你不去有意地限制它，它就会无限制展开漫无目的的思考。有一个名词叫做“自动思考”。意思是说，人在不得志的时候，脑子里常会出现“这下完了”等，这些充满了负面的思考，将使人陷入“想太多”的思考方式中，无法跳脱；相反地，时时养成“重点是什么”的自动思考方式，可以避免不必要的杞人忧天，也可以培养自己节约时间，提高单位时间效率的好的工作习惯，工作效率高了，业绩也就突出了，那你的薪水自然也不低。

提高效率，为公司赢取更多利益

时间像弹簧，对于用力拉它的人，它可以大大延长，使你创造出更多的价值。最大限度地使用时间，使资产的价值翻倍，这往往使创业者在不经意间拉开差距获取成功。

人获得最平常的资产也许就是时间。对时间的不同运用，往往会使人生变得富有或者不富有。

对时间不同的使用方法可以和他人拉开差距，但是如果单纯地利用更多的时间还是不行。如果像一些人一天只睡两三个小时，那显然身体会遭受损害。然而，如果你偶尔两三点钟回家不得已只睡一个小时左右，但不是每天如此，只是平均比别人少睡了两个小时左右。但是，在这两个小时里，你的精力相当集中，也许你的工作效率相当于白天的 4 个小时，这就是说等于你把时间的价值增加了两倍。

以上我们很容易理解，时间作为一种无形的资产是可以通过集中精

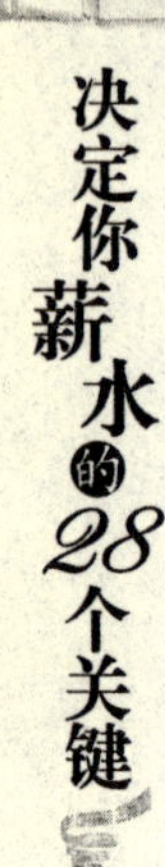

力，有效使用而增加其价值的。而相反无论花多少时间在学习、工作上，如果你不是集中精力的，则是对时间的浪费。此时两个小时往往只相当于别人的一个小时甚至更少。

因此，对单位时间的高效管理是我们每一个员工都必须要学会的一种技能。

同样的时间有的人只能做一件事，而拿给那些具有效率的人他们能够做出更多的成果出来，那是什么原因？是他们对他们的时间进行了合理的安排。他们对每一个时间点应该做什么都有着明确的计划，在每一个时间段中他们就孤注一掷地只做那么一件事情，全身心地投入自然他们的效率会高很多。

对时间有了掌控能力，我们才能在完成我们自己的工作之余，拥有更多的时间去接触公司更多的事情，才能够更快地成长起来，为公司带来更多的利益，给自己带来更高的薪水，成为公司不可替代的人才。

李密毕业后被某汽车公司录取作为信息汇集人员，并被分配到新开设的汽车信息部跑业务。

刚开始工作时，由于手头没有客户，只能采用“陌生拜访”的方式来宣传公司的业务，其间赔尽了耐心和笑脸。更可悲的是工作一段时间后，手头的客户还是寥寥无几。而公司采用的是佣金制，即完成多少工作量，发相应数目的薪金。等到了发薪的日子，别人都兴高采烈，而业绩稀少的李密只能独坐一隅，任凭泪水恣意滑落。

然而，坚强的李密并没有被当前的困难击倒，而是分析失败的原因，找出自己致命的弱点。之后，他虚心学习，用心总结和研究客户的心理，重新拟订自己的工作计划。3个月后，李密的签单数量不断上升，佣金日渐不菲，业务主管原本那苦瓜似的脸也渐渐地展现出了笑容，对李密的态度也渐渐地好了。

我们对待工作的态度除了认真勤奋之外，还有就是提高我们个人的效率。学习、总结、研究都只是我们在工作中成长的一小部分的手段和方法。在工作中要真正快速地成长最重要的一点就是要学会对自己的工作时间进行有效的安排。俗话说“读万卷书行万里路”。但是现在看来，读万卷书不如行万里路，没有任何书籍能够媲美一个活生生的世界，一个鲜活的世界教给你的必然是鲜活的生活方式和处事法则，而这些在书中是没有办法学到的。书籍只能是一个指导，真正的成长来自于自己更多的实践，更多地与事情本身接触。因此，时间的安排和划分就成了我们整个工作工程中很重要的一个环节。

所谓明确时间的划分，换句话说，就是对时间的使用方式迅速果断地处理，总之绝不能拖拖拉拉。如果想休息 5 分钟，就踏踏实实休息 5 分钟，在那个时间里把刚才做的事完全忘掉。5 分钟以后，再马上开始。一般的经验是休息以 5 分钟为宜。如果休息 10 分钟，则会变得精神松懈。

另外，不休息也不行。因为精力的集中有极限，不管意志多么坚强，过了一定的时间无论如何速度也会降下来，意识也会变得模糊起来。

为了明确地划分时间，头脑的切换至关重要。有能力的人一般擅长于此。似乎身体上安有开关似的，干脆果断地变换行动。其实，通过训练是可以给身体安上开关的。

意识转换时，如有必要，则说出声来："现在开始转入下一个行动。"于是马上变换行动。在有意识地进行这种训练的过程中，自然会成为转换的能手。集中精力的程度会连自己都感到吃惊。

工作中，有时要对时间的使用方式最后追加一次，即任何时候都要向时间的终点全力冲刺。这与变换开关有关，意识决定几点钟之前做什么，在其时间到来之前毫不松劲地干到最后。

以工作时间为例吧：如果下午 5 点钟下班，那么在表的指针完全指向 5 点以前对工作全力以赴，5 点以后再作回家的准备，才是本来的姿态。如果不是完全地贯穿这个姿态，则不可能成为比他人更有效地使用时间资产的人。

一个成熟的、高利润的企业，应该是在下班时间之前大家都在全力拼搏。下班前的 30 分钟和午休前的 30 分钟加起来则为一个小时，这一个小时的生产率之高极其大。

最大限度地使用时间，使资产的价值翻倍，往往使创业者在不经意间与他人拉开差距，获取成功。

那么怎样去提高自己的工作效率呢？那就是做自己的时间管理者，充分有效地利用时间去做自己要做的工作，以下就是有效管理时间的几

个要点。

1. 制订一份工作计划

对企业员工来说，制订计划的周期可定为一个月，但应将工作计划分解为周计划与日计划。每个工作日结束的前半小时，先盘点一下当天计划的完成情况，并整理一下第二天计划内容的工作思路与方法。聪明的员工会尽力完成当天的工作，因为当天完不成的工作将不得不延迟到下一天完成，这样必将影响下一天乃至当月的整个工作计划，从而陷入明日复明日的被动局面。在制订日计划的时候，必须考虑计划的弹性。不能将计划制订在能力所能达到的100%，而应该制订在能力所能达到的200%，这是由工作性质决定的，因为企业员工每天都会遇到一些意想不到的情况，以及上级交办的临时任务。如果你每天的计划都是100%，那么，在你完成临时任务时，就必然会挤占你业已制订好的工作计划，原计划就不得不拖期了。久而久之，你的计划失去了严肃性，你的上级会认为你不是一个很卓越的员工，还会给加薪吗?

2. 将工作分类

分类的原则主要包括轻重缓急的原则、相关性原则、工作属地相同原则。

轻重缓急包括时间与任务两方面的内容。很多员工会忽略时间的要求，只看重任务的重要性，这样理解是片面的。相关性主要指不要将某一件任务孤立地看待，因为工作本身是一项连续性的工作，任务可能是过去某项工作的延续，或者是未来某项工作的基础。所以，任务开始以前，先向后看一看，再往前想一想，以避免前后矛盾造成的返工。

工作属地相同原则指将工作地点相同的业务尽量归并到一块完成，这样可以减少因为工作地点变化造成的时间浪费。这一点对现场工作人员尤为重要。如果这一点处理得好，可避免在现场、自已的办公室及其他部门之间频繁接触。既节约了时间，又少走了路程，还提高了工作效率，何乐而不为呢?

3. 在规定的时间内完成约定的工作

企业员工在接受工作任务的同时，都被要求在规定的时间内完成。时刻将时间与质量两个要求贯穿在完成任务的过程中，并尽可能提前。

将任务完成的时间定在提交任务成果的最后一刻是很不明智的，这与上面提到的计划的弹性是一脉相承的，因为事情总不可能一味按个人主观设定前进。当应该提交的任务与临时的事项冲突时，就陷入了鱼与熊掌的被动状态。一个能每次按期完成工作任务的员工，即使不天天加班加点，即使不显得终日忙忙碌碌，也会让主管觉得你是一个让人放心的人，而不用天天追问你工作进度如何。

有效地管理时间可以大大提高工作效率，所以对时间管理的方法研究是永恒的，因为每个人只有有效地管理自己的时间，才能有效地提高自己的绩效，从而获得更高的薪水。

总之一句话，提高工作效率需要正确的工作方法，需要端正工作态度；高效率地工作为公司赢得更多、更丰厚的利益是每一个员工的分内职责。

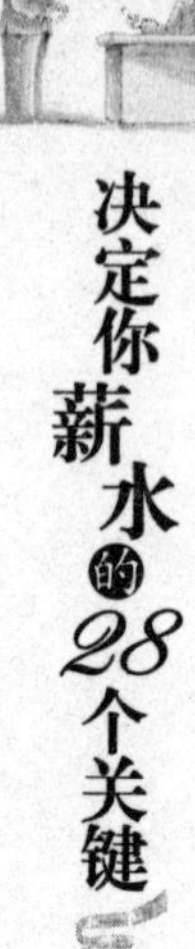

关键二十一　小事不小，小事决定你的未来

现实工作中的失败，常常不是因为“十恶不赦”的错误引起的，而是那些一个个不足挂齿的“小错误”造成的！在环环相扣的工作中，它不断地被放大，早已不再是微不足道的了！

当重视小事成为一种习惯，当负责任成了一个人的生活态度，我们就会与“胜任”、“优秀”及“成功”同行。

甘愿做小事才能成大事

在潜意识中，人们习惯于对要做的每一件事情都做一个值得或不值得的评价，不值得做的事情也就不值得做或不值得做好。在工作中，太多的人只关注有光环的大事情，能够满足虚荣心的出人头地的“大事业”，而将本职工作中的许多具体事情归类为不值得做的小事情，即便这些小事情是通往大事业的必经之路。

无数事实证明，很多看似无关紧要的小事往往是构成惊天动地的大事的基础。许多的员工对未来充满梦想，这是件好事情。但每一名员工还需要尽快懂得，梦想只有在脚踏实地的工作中才能得以实现。许多小觑细节、不屑于在细节上下工夫的人都曾经有过梦想，却始终无法实现，最后只剩下牢骚和抱怨，他们把这归因于缺少机会。

机会，生活和工作中到处充满着机会：工作中的每一个工作任务都是机会；任务中的每一个细节都是机会。

脚踏实地的耕耘者在平凡的工作中创造了机会，抓住了机会，实现了自己的梦想；而不愿俯视手中工作细节的人，在焦虑地等待机会中，度过了并不愉快的一生。

每一天都要尽心尽力地工作，每一件小事情都要力争高效地完成。尝试着超越自己，努力做一些分外的事情，不是为了看到老板的笑脸，而是为了自身的不断进步，抑或是在同一个公司或同一个职位上，机遇没有光临，但你在为机会的来临而时时准备的行动中，你的能力已经得到了扩展和加强。实际上，你已经为未来某一时间创造出了另一个机遇。

在工作中，想做大事的人很多，但愿意做小事的人却很少，而他们不知道只有那些将小事都认认真真、一丝不苟能做好的人，才是真正的博得了彩头的人，才是最后走向了卓越，获得了高薪，迈进了成功大门的人。

韩章是一所名牌大学的高才生。在刚毕业走入社会的时候，也像当时的许多人一样，“很不走运”。他先是被分配到某汽车运输公司，又由运输公司派到下属的一个小厂，安排的工作与他所学的专业一点儿都不对口，让他在热处理车间上管电镀。

工厂宿舍更是“脏、乱、差”，一般人都觉得难以忍受：室内空气难闻，到处是酸臭味；没有桌椅板凳，只能拿两块木板凑合着，既当凳子又当桌子；天花板上只有一盏昏黄的电灯，亮度跟萤火虫差不了多少，就是站着也看不见书上的字，晚上就只好到车间里看书。

在这种环境中，韩章也像一般人一样，心里是不好受的。可是，他并没有因此而恼火、抱怨，而是不断加强学习，尽快使自己适应工作。他的那摊子工作不太多，因此，他干完自己的活就到别处帮别人干活，这样很快就跟同事们打成了一片。

不久，领导和同事都对他产生了一个好印象：“这个大学生没架子，有实干精神!”

过了一段时间，厂里要买曲轴磨床。可是磨床脱销，派了几拨人跑了不少地方都没有买到。危难之时，厂长想到了韩章，就派韩章去试试。

韩章吃苦耐劳、脑子好使，但跑了锦州、大连、沈阳等几个大城市

后，还是没买到。想来想去，他想到了军队单位。果然，他终于把厂里急需的曲轴磨床买了回来。

厂长这下子乐坏了，握住韩章的手，对工厂里的人说："怎么样，这样的人才确实不错吧?"韩章的工作表现赢得了厂领导的认可。

又过了一段时间，厂长主动提出："你专业不对口，你还是到大学去进修一下吧!""不走运"的韩章由于吃苦耐劳、苦干实干，最后幸运之神降临。

韩章进修经济，毕业后拿到了经济学硕士的文凭，在某进出口公司谋得了一份不错的工作。在新的岗位上，他保持自己一贯的本色——严于律己、工作出色、待人亲和，毫无研究生的架子，打水、扫地等杂活都抢着干，被工会评选为积极分子，赢得了公司上下一片赞扬。

第二年，公司决定在海南创办分公司，领导们直接"点将"，一致同意让他独挑大梁……如今，韩章已是一个受人尊重的企业家了。

现代化的大生产，涉及面广，场地分散，分工精细，技术要求高，许多工业产品和工程建设往往涉及几十个、几百个甚至上千个企业，有些还涉及几个国家。这就需要从技术和组织管理上把各方面的细节有机地联系协调起来，形成一个统一的系统，从而保证其生产和工作有条不紊地进行。在这一过程中，每一个庞大的系统是由无数个细节结合起来的统一体，忽视任何一个细节，都会带来意想不到的灾难。

在工作中，任何细节，都会事关大局，牵一发而动全身，每一件细小的事情都会通过放大效应而凸显其重要影响。工作中无小事，任何惊天动地的大事，都是由一个又一个小事构成的。企业中的每一个员工，都是企业运转的一个小环节，他们的工作质量会影响到整个企业的工作质量。

伟大的思想家孟子曾经告诫世人："不以善小而不为，不以恶小而为之。"这在职场上也具有现实意义。不因事小而不为告诉人们：要将在工作中得到的点滴知识和经验积累起来，作为迈向下一个工作阶段的基础。

自己做出的"小成绩"，可以从书本上得到证明也可以从相关专家那里得到宝贵的建议和支持。这样的话，小的成绩便可以逐渐得到扩充，从而为自己的进步和发展做奠基。无论事情如何细微和琐碎，只要能够做出成绩来，你就是个了不起的人，对自己的成绩有了自信心，才会增加工作的积极性。

当你感觉是“必要的、应该实现的”事情时，哪怕它们是极其不起眼的，仍然应该研究如何使之实现的方法；自己觉得应该做的事，应该逐步向前迈进，并等待机会的来临。

我们在从事小事的过程中，能够不断地积累经验和知识。正是因为上述观念我们才能不断成长，才能在事业上取得进步，才有可能到达职业生涯这座“象牙塔”的顶端!

日本东京贸易公司的一位专门负责为客商订票的小姐，给德国一家公司的商务经理购买往来返东京、大阪之间的火车票。不久，这位经理发现了一件趣事：每次去大阪时，他的座位总是在列车右边的窗口，返回东京时又总是靠左边的窗口。经理问小姐其中的缘故，小姐笑答：“车去大阪时，富士山在你右边，返回东京时，山又出现在你的左边。我想，外国人都喜欢日本富士山的景色，所以我替你买了不同位置的车票。”就这么一桩不起眼的小事使这位德国经理深受感动，促使他把与这家公司的贸易额增加到比原来多了3倍。

当我们翻开名人传记，只要我们稍加注意，便会吃惊地发现，名人之所以成为名人，其实没有什么特别的原因，竟然仅仅是比普通人多注重一些细节问题而已。有人曾说：“一屋不扫，何以扫天下?”令人深思。《劝学》中阐述：“不积跬步，无以至千里；不积小流，无以成江海。”而儒家的“修身、齐家、治国、平天下”，讲的都是同一个道理：凡事皆是由小至大，小事不愿做，大事就会成空想。

在当今激烈竞争的商业社会中，公司规模日益扩大，员工更是成千上万，其分工越来越细，其中能够从事大事决策的高层主管毕竟是少数，绝大多数员工从事的是简单、烦琐的看似不起眼的小事，也正是这一份份平凡的工作和一件件不起眼的小事才构成了公司卓著的成绩。立大志，干大事，精神固然可嘉，但只有脚踏实地从小事做起，从点滴做起，心思细致，注意抓住细节，才能养成做大事所需要的那种严密、周到的作风。

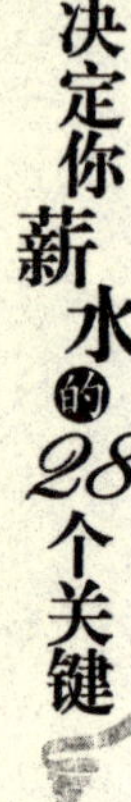

所以，不要轻视自己所做的每一项工作，即便是最普通的工作，每一件小事都值得你全力以赴，尽职尽责，认真地完成。

如果只从他人的眼光来看待我们的工作，或者仅用世俗的标准来衡量我们的工作，它或许是毫无生气、单调乏味的，没有任何吸引力和价值可言。但如果你抱着一种使命感的心态和学习的态度，工作就会变得很有意义。

这就好比我们从外面观察一个大教堂的窗户。大教堂的窗户布满了灰尘，非常灰暗，光华已逝，只剩下单调和破败的感觉。但是，一旦我们跨过门槛，走进教堂，立刻就可以看见绚烂的色彩、清晰的线条。阳光穿过窗户在奔腾跳跃，形成了一幅幅美丽的图画。

由此我们可以知道：人们看待问题的方法是有局限的，我们必须从内部去观察才能看到事物真正的本质。有些工作只从表象上看也许索然无味，一旦深入其中，就可以马上认识到其意义所在。

因此，每一件事都值得我们去做，不要小看自己所做的每一件事，即便是最普通的事，也应该全力以赴、尽职尽责地去完成，否则薪水必然与你无缘。

 关注细节更能体现对工作的专注

企业的经营只有重视细节，并从细节入手，才能取得好的成效。企业经营的核心在于“顾客满意度”，细致入微的服务可以打动顾客的心。市场竞争越来越注意服务的竞争，谁注意服务的精细化，谁就会在市场上更胜一筹。美国西南航空公司的无须转机的“点到点”服务以及戴尔公司的直销服务都取得了相当好的效果，在稳定的市场环境中为企业创造了发展的机遇。在细节制胜的时代，企业不必从策略上进行根本改变，只需通过产品或服务革新以及改进运作系统，从细节上进行细化，就能够确立企业的发展优势。

对于企业来说，注重细节是至关重要的。同样的，对于一个员工来

说也是如此，注重细节其实就是一种工作态度。看不到细节，或者不把细节当回事的人，必然是对工作缺乏认真的态度，对事情只是敷衍了事。这种人无法把工作当做一种乐趣，而只是当做一种不得不受的苦役，因此在工作中缺乏热情。他们只能永远由别人分配给自己工作，甚至即便这样也不能把事情做好。这样的员工永远不会在企业中找到自己的立足之地。考虑到细节、注重细节的人，不仅认真对待工作，将小事做细，而且注重在做事的细节中找到机会，从而使自己走上成功之路。

优秀员工与平庸者之间的最大区别在于，前者注重细节，而后者则忽视细节。一家成功的企业与一般的公司之间的区别也在于其公司对员工在工作中细节上的要求的不一样。

美国绝大部分企业家会知道一些十分精确的数字：比如全国平均每人每天吃几个汉堡包、几个鸡蛋。之所以要了解得这么清楚，是因为他们想确保细节上多方面的优势，不给竞争者可乘之机，哪怕是一些细枝末节的漏洞。

在宝洁公司刚开始推出汰渍洗衣粉时，市场占有率和销售额以惊人的速度向上飙升，可是没过多久，这种强劲的增长势头就逐渐放缓了。宝洁公司的销售人员非常纳闷，虽然进行过大量的市场调查，但一直都找不到销量停滞不前的原因。

于是，宝洁公司召集了很多消费者开了一次产品座谈会，会上，有一位消费者说出了汰渍洗衣粉销量下滑的关键，他抱怨说："汰渍洗衣粉的用量太大。"

宝洁的领导们忙追问其中的缘由，这位消费者说："你看看你们的广告，倒洗衣粉要倒那么长时间，衣服是洗得干净，但要用那么多洗衣粉，算计起来更不划算。"

听到这番话，销售经理赶快把广告找来，算了一下展示产品部分中倒洗衣粉的时间，一共 3 秒钟，而其他品牌的洗衣粉，广告中倒洗衣粉的时间仅为 1.5 秒。

也就是在广告上这么细小的一点疏忽，对汰渍洗衣粉的销售和品牌形象造成了严重的伤害。这是一个细节制胜的时代，对于自己的工作无论大小，都要了解得非常透彻，数据应该非常准确，事实也应该非常真

实，这样才能脚踏实地完成宏伟的目标。

简单的事不等于容易做。如果你能把自己所在岗位上的每一件事做成功、做到位，那就是不简单。正如有人所说："什么叫不简单，就是把最简单的事情千百次不厌其烦地去做，就是不简单；什么叫不容易，就是把很容易完成的事情每一次都能认真做好，就是不容易。"

卓越的员工，在面对工作的时候，从来不会忽略身边的任何一件事，即便是再简单不过的工作，也要把它做到完美至极。他们的工作信条便是："工作中没有不值得去做的小事，即使是小事也要做到最好。"因为他们知道：每个人的工作，都是由一件件的小事构成的，而你对每一件小事倾注的心血更能够体现你对工作的专注力。

在很多公司里，有人甚至称主动承担打扫卫生、整理办公室、泡开水等琐事，是大学毕业生走上工作岗位的第一堂必修课，这种观点不无道理。其实通常就是这类看似鸡毛蒜皮、无关紧要的日常小事给人留下的印象最深。很多情况下老板之所以不放手让你单做大事，是因为他还不能肯定你是否具备相应的实力。所以，一些精明的主管在提拔你之前往往会用几件小事来考察你的工作作风、对工作的态度、对公司的热爱程度、办事能力以及是否有气魄。

许多"大事"都是由微不足道的"小事"组成的。日常工作也是如此，看似烦琐、不足挂齿的事情不胜枚举。如果你对工作中的这些小事敷衍了事，到最后很可能因为疏忽责任而失掉整个胜局，同时也失去了公司对你的信任和关注。所以，每个员工在处理小事时都要认认真真地、竭尽心力地去完成。

美国西点军校严格要求每一个学员把身边的每一件小事都要做好，因为在战场上，这样的细节可能扭转乾坤，帮助你活下来或是取得最后的胜利。战士们对细节的关注最后将决定整场战役的成败，整个部队战友们的生死。因此对于一个公司而言，每一名员工对工作的细节的关注度越高，那么公司将来的前景越好，公司的赢利也就更多，你的薪水自然也会更高。

每一个伟大的成就都来自细节的积累，一切成功者都是从小事做起的，无数的细节能改变我们的事业之路。

有一位年轻人，在一家石油公司里谋到一份工作，任务是检查石油罐盖焊接好没有。这是公司里最简单枯燥的工作，凡是"有出息"的人都不愿意干这件事。这位年轻人也觉得，天天看一个个铁盖太没有意思了。他找到主管，要求掉换工作。可是主管说："不行，别的工作你干不好。"

年轻人只好回到焊接机旁，继续检查那些油罐盖上的焊接圈。既然好工作轮不到自己，那就先把这份枯燥无味的工作做好吧！

从此，年轻人静下心来，仔细观察焊接的全过程。他发现，焊接好一个石油罐盖共用39滴焊接剂。

为什么一定要用39滴呢？少用一滴行不行？在这位年轻人以前，已经有许多人干过这份工作，从来没有人想过这个问题。这个年轻人不但想了，而且认真测算试验。结果发现，焊接好一个石油罐盖，只需38滴焊接剂就足够了。年轻人在最没有机会施展才华的工作上，找到了用武之地。他非常兴奋，立刻为节省一滴焊接剂而开始努力工作。

原有的自动焊接机，是为每罐消耗39滴焊接剂专门设计的，用旧的焊接机无法实现每罐减少一滴焊接剂的目标。年轻人决定另起炉灶，研制新的焊接机。经过无数次尝试，他终于研制成功了"38滴型"焊接机。使用这种新型焊接机，每焊接一个罐盖可节省一滴焊接剂。积少成多，一年下来，这位年轻人竟为公司节省开支5万美元。

一个每年能创造5万美元价值的人，谁还敢小瞧他呢？由此年轻人迈开了成功的第一步。

许多年后，他成了世界石油大王——洛克菲勒。

有人问洛克菲勒："成功的秘诀是什么？"他说："重视每一件小事。我是从一滴焊接剂做起的，对我来说，点滴就是大海。"

对待小事、对待细节的处理方式往往呈现了我们对待工作的态度。是积极面对、脚踏实地，无论什么工作都尽心尽力完成，还是整日空想成功，却不愿从身边的事情做起？或者是老是想着如何才能在工作中偷懒？这截然不同的态度，就是成功者与失败者的区别。很多刚刚进入公司工作的年轻人发现工作对他们而言是相当困难的，生活压力大、工作压力大只是一个客观原因，而很多时候，是因为他们不屑于从生活中的

点滴小事做起。

既然我们做了，那么我们就要做到最好。凡走过必留下足迹，即使今天你做的是一件微不足道的小事，都会给你自己和你身边的人留下印象。敷衍的态度助长了自己的散漫，也让别人失望；认真对待每一件事，锻炼了自己的品质，也会让公司和你的上级，还有你的同事对你更有信心，提高对你的认可度。

无论给予自己的任务有多么的困难，拥有了使命感，就会拥有一定要做好的坚强意愿。如果没有虔诚的信仰而又缺少这样的“使命感”，你就很难成为一个真正优秀的员工。具有坚强使命感的员工，无论什么条件下都能最大限度地发挥自己的作用，担负起自己的使命和任务。

松下幸之助对他的员工说：“如果你只是个做拉面的，也要做出比别处更鲜美的拉面。”

有些人对工作非常挑剔，希望找到“完美的”雇主、“完美的”工作，天天盼着升职、加薪，工作时却不愿多出一分力，多做一点事。事实上，雇主只会将加薪和升迁的机会留给那些格外努力、格外忠诚、格外热心，愿意花更多的时间和心血做事，能将工作做得更好的雇员。因为他是在经营企业，不是在做慈善事业，他需要的是那些能为他创造价值的人。

生命中的大事都是由小事累积而成，小事是大事的基础，只有做好小事，才能做成大事。看不起小事，不愿做小事的员工，绝不会成为一个优秀的员工。只有了解到这一点，你才会开始关注那些以往认为无关紧要的小事，从点滴做起，抛弃好高骛远的想法，成为一个出类拔萃的人。

作为一名员工，只有当你将你的心血和注意力都放在细枝末节上的时候，当你为这些细枝末节用尽心力将其好好地维护、培养之后，你的事业大树才能够长得枝繁叶茂。只有当你的每一根苗都是健康的时候，别人才会注意到你所浇灌的这片土壤。

关键二十二　忧公司所忧，为公司排忧解难

随着社会的变化、前进，工作对于每一名员工都有着非同寻常的意义。工作不仅仅是我们养家糊口的一种生存手段，更是我们实现自我价值，展现自身能力的一个展示平台。是工作、是公司给了每个人一个飞翔的机会。丝毫不夸张地说：公司已经成为很多人的一个精神家园，也成了我们生活中的第二个“家”。

公司是员工的第二个“家”

美国心理学家马斯洛提出了人类“需求的五个层次”：

①基本的需要：对于食物和衣物的需要，以抵御饥饿和寒冷。

②安全的需要：对居住在一个可以感到安全的地方的需要。

③社交的需要：与他人分享兴趣、爱好和交友的需要。

④获得尊重的需要：要求别人赞扬和认可的需要。

⑤充分发挥能力、自我实现的需要：自我实现与充分发挥自身潜能的需要。

心理学家认为，为工作而工作的人，很少有机会满足第④种和第⑤种需要。由于他们的生命需求没有得到最大程度的满足，或多或少的，他们失去了一部分生命的乐趣。

而公司就好比是一个大家庭一样，它提供给了我们衣食住行上的需

求，给了我们一个可以感到安全的地方，给了我们一个足够大的社交圈，让我们与同事一起分享我们的情趣爱好，在工作中结交好友，它还给了我们得到他人赞赏和认可的机会，最后还提供给了我们一个能够自由发挥自己能力，实现自我的空间、平台和机会。

对于公司这个“家”我们应该心存感激之情。

我们经常能够在公司里听见员工们对公司总是抱怨得多，感激得少。我们总埋怨公司为什么这样不公平；为什么我们付出得多，收获得少；为什么快乐离我们越来越远。我们从来没有真正感激过我们所拥有的一切，包括我们的生命。我们经常把拥有的看成是理所当然，把得不到的看成是公司的压榨。倘若我们能够心存感激，我们在工作中就会工作得更快乐。

公司就像我们的家一样，当你对这个家付出了多少的心血，尽了多少心，那么家才会相应地回馈你多少温暖。当你对这个家漠不关心，将它只是当做一个旅馆、一个暂时的歇脚之处的时候，那么你当然得不到它对你的关怀。

现在大家都普遍有这样一个观念：婚姻需要我们用心地去经营，只有用心地去经营这段婚姻，那么这段婚姻才能长长久久。其实我们对公司也是一样的。我们应该用我们的爱去经营、去呵护我们的公司。只有当我们真正地学会爱我们的公司以后，那么公司才会反过来爱我们，才能给我们更多的关注和更高的薪水。

在今天这个社会，大部分的公司职员每天除了晚上回家睡觉以外，基本上所有的时间都是在公司中度过的。公司基本上已经成为了一个我们生活的中心和重心。我们在公司里不仅仅得到了成长的机会、成功的机会、实现自我价值的机会，还从公司里认识了朋友、获得了快乐，以及丰富我们内心的机会，等等。公司给了我们放眼世界的窗户，给了我们游乐人生的聚会，它让我们从中感受到了生命的丰富多彩和无尽的可能。

曾经读到过这样的一个故事：

甲对乙说：“我要离开这家公司，我恨这家公司！”

“我举双手赞成！这个破公司，你一定要给它点颜色看看，现在离开还不是最好的时机。”乙建议地说道。

甲问：“那怎么办？”

乙说：“如果你现在走，公司的损失并不大。你应该趁着在公司的机会，努力做好自己的业务，为自己多拉一些客户，成为公司独当一面的人物；然后，带着这些客户突然离开公司，公司才会受到重大损失，非常被动！”

甲觉得乙说得非常在理，于是努力工作。果不其然，半年多努力工作后，他有了许多忠实客户。再见面时，乙问甲：“现在是时机了，要跳赶快行动哦！”

甲淡然笑道：“老总跟我长谈过，准备升我做总经理助理，我暂时没有离开的打算了！而且，我发现，在我努力工作的过程中，随着工作的一步一步深化，对公司的了解也一步一步加深，渐渐，我已经爱上这个公司了，我已经把它当成了我的家，我已经离不开它了。”

“我为什么要坐在这家公司？”“我为什么要工作？是为了这个公司？”“如果我离开这里会不会更好？”当这些问题经常出现在每一个员工的脑海里时，说明关于工作上的苦恼已经和大家纠缠在一起了。这表明，你们对自己的公司并没有投下你们的信任，没有对它倾注你们的情感。正因为你没有将你的情感放在公司中，所以你极易对公司失去兴趣和激情，对工作缺少那份热忱，此时，你的敬业精神开始接受最大的考验，你的工作也受到极大的挑战。

其实，我们对待公司应该怀有一颗感恩的心，感激公司给予我们的工作的机会，每一个成长的机会，每一个成功的机会；感激公司的领导和同事给予我们的每一份关怀，每一份祝福，每一句问候，每一次认同和表扬。你会发现，其实你很快乐。公司对每一名员工都是很有爱的。它给每一个人的机会和关怀都是平等的，给谁的都不会太多。只要你用心去感受身边的一切，你就会感受到更多的快乐和满足。

一个对公司心存感激的人，就是这个世界上工作起来最快乐的人。

对公司心存感激才能懂得工作的真谛，对公司心存感激才能不断提醒自己对工作应该竭心尽力，对公司心存感激才会感悟工作中的快乐和忧伤，对公司心存感激才能懂得你的成长在公司看来是多么的重要。对

公司心存感激才明白事业的成功靠的是我们认真和负责，成功靠的是勤奋，而没有任何捷径可循；对公司心存感激才能够体会到其实我们要走的路公司一直都给我们铺设在了我们的脚下。

公司是我们的第二个“家”。对于公司我们有责任也有义务爱它，呵护它。

假设说智慧和勤奋犹如金子那般珍贵，那么，比智慧和勤奋更为珍贵的则是对公司的爱。爱公司，实际上就是爱自己的事业。公司给你一个发展的平台，在工作中你可以学到很多在书本中学不到的东西，同时能积累丰富的工作经验，为以后自己独立创业打下坚实的基础。爱不同于一味地阿谀奉承，它从不寻求丰厚的回报，也没有其他的企图。

员工对公司的爱，能够让公司在市场竞争中成功地站稳脚跟，同时还能增强公司的综合实力，使公司的凝聚力得到进一步的增强，从而使公司得以发展壮大。所以，很多公司在用人时不仅仅看重个人的能力，更看重的是是否你能爱上你的职业，爱上你的公司。那种既对公司有爱又有很强工作能力的人是每个老板都心仪的得力助手，又怎么会不给他们高薪水呢。

对公司有着深深的敬爱之意的人不管能力强弱，都会受到公司的器重，这种人不管到哪里都是公司喜欢的人，都能找到自己的位置。而那些三心二意，只想着个人得失的人，就算他的能力无人能及，也不会被委以重任的。

要知道，在人生的事业中，需要用智慧来作出决策的大事不会很多，需要用行动去落实的小事却很多。少数人成功需要智慧和勤奋，而绝大多数人则需要对工作的热爱和勤奋。

日本是一个经济强国，但日本经济发展有一个致命的软肋——能源。

日本的能源完全依赖进口，在20世纪70年代，中东石油输出国实行石油禁运，日本遭受重大损失。1973年至1974年间，日本通货膨胀率高达25%，经济出现大幅度下滑。

在这场灾难中，日本很多企业停产或破产，企业员工无所事事，很多人不得不暂时回家。那时，日本基本上实行的是终身雇佣制，回家等于休假或待岗。

但是，回到家的员工根本没有心思待在家里，他们又陆续回到企业，清理车间，剪除杂草，或者干点别的事情，不管干什么，都比在家里闲着踏实。而且，他们并不是受他人指派才这么干的，而是自发的，不是为了赚钱，而纯粹是出于对企业的热爱。他们认为企业出现困难，自己有义务尽力帮助企业。有一位工人在接受记者采访时说，他回到家时，妻子训了他一顿："公司遇到如此大的困难，你怎能安心待在家里呢？"

日本之所以能够成为一个经济强国，之所以能够拥有索尼、松下、本田这些国际知名的大企业，和日本员工这种与公司共命运的主人翁精神是分不开的。

把公司当成自己的家对于提高一个企业的竞争力来讲，是非常重要的。如果每个人都把公司当成自己的家，都把公司内部的事当做自己的事做，公司无形中会产生强大的竞争力。大家会把所有可能的成本降低，包括信息成本、合约成本、监督成本、实施成本，对于公司的发展，大家也能够献计献策，对自己的工作尽职尽责，这一切，都保证了企业的竞争力。

爱是双向互动的，公司需要员工的爱，公司也同样以爱回报给爱它的每一位员工。现代公司要通过强有力的企业文化建设、公司制度建设、人力资源配置和先进的经营理念、管理机制，让员工看到企业发展的希望，给予员工事业之路上的安全感，看到个人发展的机会，能在公司发展的平台上实现自我发展、提升自我价值，在员工自我发展、自我实现中促进企业的发展，相互促进、相互爱护，让两者在爱的守护下共同茁壮成长。

一位管理学家说过："作为企业的一员，首先要有'公司是我家，发展靠大家'的思想，你只有让自己的企业不断壮大了，你的个人价值才能得以充分的体现。"优秀的员工正是把企业当成自己的家一样去爱护、去经营的。只要你把公司的事当成自己的事，把自己当成企业的主人，甘心奉献，忘我工作，公司也一定会给你回报，给你高薪。

在家里看到地上脏了，你会去打扫；看到别人损害你家庭名誉的

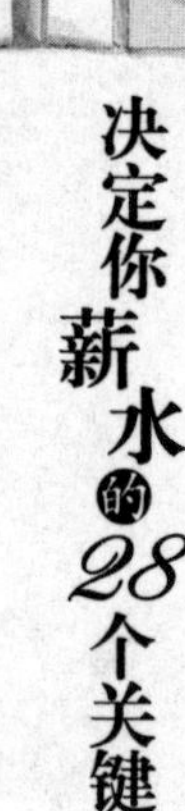

时候，会去与之争论；当家里缺少什么的时候，你愿意去奉献一切。如果把企业也当成你的家，你也会这样去做而不会有丝毫的犹豫，而且还有一种当仁不让的勇敢、一种舍我其谁的主动。这就是优秀员工的表现。

“家”里的事，我们全力承担

一个公司并非能够永久地存在，一些优秀的公司可能在一夜间轰然倒塌，也有一些公司慢慢地从辉煌逐渐走向衰落。维持公司长久的生存和发展不仅仅是老板一个人的责任，任何一个优秀的员工都应该以公司的生存和发展为念。

成就事业的前提是热爱你的工作，喜爱你的公司。爱就是对公司的爱，它也是员工挑起一种与公司一起荣辱与共的责任感。员工对企业的爱其实就是对自己所追求事业的爱，只有这样，公司才具有发展的潜力，员工才会有发展的机会。员工对公司不应是对立的关系，只有热爱自己的公司，与公司同舟共济，才能共同发展。

对于员工而言，我们要像爱自己的家一样热爱自己的公司。公司，不只是老板的，是老板与员工共有的。

如果你以对待家的心态对待公司，视自己为这个家里不可或缺的一个家庭成员，你将会发现工作充满乐趣，你将对公司充满热爱。

你对公司完全可以拥有对家那样的心态，全心全意地投入工作，富有奉献精神，把自己的理想和梦想都寄托在公司中，把公司的那份责任和担当全力挑起来，用捍卫家的思想来捍卫公司的荣誉和未来。如果你真的做到了，你就会发现世界好像变了一个样似的。

海底捞餐厅的员工就将海底捞当成家来爱护，自然公司回报给海底捞员工的就是爱和关注。海底捞的副总经理杨小丽曾说：“海底捞是我的家，没有海底捞就没有我，我不可能背叛它；再说了，人给家里人干活儿和给别人干活儿能一样吗？”

既然把公司当成家，一切有损于家庭利益的事情都是不被允许的。“谁要损害公司的利益，我敢跟他拼命！”杨小丽坚定地说。

下面这是发生在“海底捞”的杨小丽身上真实的一件事：

一天，3个喝高了的男人同海底捞的服务员吵了起来，并且动手连打了两个女服务员。海底捞的男服务员不干了，把3个人打了一顿。结果，3个人走的时候扔下一句话：“你们等着！”

不到3个小时，来了两辆卡车，跳下60多个手持棍棒的大汉。条件是：给5万元赔偿，要不，就砸店！

海底捞马上拨打110报警，可是110来，要有一段时间，这段时间他们把店砸了怎么办？

此时，只有此时，才是考验真金的时候！杨小丽真是敢拼命的人。她一声令下，100多名员工冲出店！男员工在前面，女员工在后面。

俗话说得好：凶的怕不要命的！仗势欺人的人心总是虚的，那60多个大汉站在马路对面，硬是没敢过来。

事后，有人问杨小丽：“当时害不害怕？”

小丽说：“忘了害怕。当时就想一件事，这个店装修花了那么多钱，绝不能让他们砸！”又问：“他们过来，你们真敢打？”

小丽说：“他们要动手，那就没办法了！”

很快，附近派出所3个民警先赶到了，见到这个阵势也急了，忙站在中间调解。一会儿，3辆110车响着警笛赶到。对方散了，杨小丽和一些男员工被带到派出所。

其实，为了海底捞这个家，敢打架的不只杨小丽。

上海五店的赵蒙说：

“我来五店有半年多了，曾听说过店里打过几次架，但我总觉得打架跟女孩子沾不上边。可是，我错了。

“那天我值夜班。早上5点钟，天快亮了，大厅里只有两三桌客人。突然一桌客人摔起了杯子。我当时心里就有火，虽说杯子不是很值钱，但也是我们用汗水换来的。服务不好，可以提意见嘛！但转念一想，也许他们喝醉了，只要不是故意闹事就好。看他们已经埋单，我心里的紧张渐渐消失了。

“可是他们走到电梯口时却突然对我们同事动起手来，并且摔我们的发票机。我们几个女孩什么也不顾了，冲上电梯口跟他们搏斗，但是他们人多，还是男的，我们打不过他们。他们看着我们惨败的样子，露出嚣张的奸笑，那是我见到的最丑陋的男人的面孔。当他们要走的时候，我们又冲上去，死死扭住他们一个。当警察和我们男生从宿舍赶来后，他们最终赔了我们7000元。虽然只有7000元，但也是我们努力追回来的一点损失。

“仗打完后一片惨状，看着同事头上的伤和地上的血，我很奇怪我第一次打架怎么没有一丝恐惧。此刻，我突然明白了，因为我已经融入海底捞这个大家庭，把自己当成家庭里的一员，所以在危险的时刻，没有逃避退缩。”

今天的很多公司里所聘请的职员都不是当地人，很多人都是背井离乡在其他城市追寻自己的梦想，实现自己的抱负。身在他乡为异客，对于每一位“异客”而言，心理上最为缺乏的就是那份安全感。但是，公司完全为我们弥补了心理上的那份空缺。在公司里我们有关爱我们的领导和同事，有无话不谈的亲密朋友，又有能在你有困难时挺身而出的虽没有血缘但是却能如家人般关心你的“兄弟姐妹”。

公司的发展意味着每个员工的发展。公司和员工之间是“唇齿相依、荣辱与共、命运相连”的关系。二者如同坐一条船，彼此相互依存、同舟共济!

对于每个员工而言，公司不但提供了自己生存的资本，还提供了成长和发展的空间。更重要的是，公司给了你培养各种能力、积累各种经验的机会。这些对于你的个人成长，实现你的个人价值，都是非常宝贵的。你只有勤奋努力地工作，才能不辜负公司对你的厚望。

真正明智的员工，懂得只有依赖公司这个最好的舞台，才能发挥自己的聪明才智，才能为自己开创一片天地。真正成功的人总是与公司休戚与共，与公司共同发展。他们明白公司的发展与自身的成长是息息相关的，公司的存亡与自己的命运是紧紧联系在一起的。为公司贡献才智的同时，更是为自己的成长积蓄力量，为自己的增值努力!

所以，我们应当竭心尽力地为公司的将来作出我们的贡献。优秀的员工要绝对将自己像老板一样看待，以公司的发展和利益为优先进行思考，因为只有当公司得到利益的时候，你才能得到更多的利益。

有一次，英特尔总裁安迪·格鲁夫应邀做励志演讲，他面对美国加州大学伯克利分校的毕业生时，曾提出这样一个建议："不管你在哪里工作，都别把自己当成员工，应该把公司看做自己开的一样。事业生涯除了你自己之外，全天下没有人可以掌控，这是你自己的事业……不断提升自己的价值，增进自己的竞争优势以及学习新知识和适应环境，并且从转换工作以及产业当中学得新的事物，这样你才能够更上一层楼。"

作为一名公司员工，拿了公司的薪水，就要把公司的事当成自己的事，无论有无监督，都应当发挥主动负责的精神，尽心尽力地把公司的事情做好。这不仅是一名优秀员工应遵守的职场操守，同时也是一个人必须遵循的职场规则。

接受公司、认同公司，绝不是靠外力强加给自己的，而是靠自己对公司的热爱，对公司的那份心。拥有这种积极心态的员工在一些成功公司表现得尤为突出，很多员工在明天就要离开公司的情况下，今天依然会很认真地做好自己的本职工作，依然为了公司作最后一天的努力。在美国，许多公司会有推荐信，专门用来介绍跳槽员工的工作情况。由此观之，如果你否定自己曾工作过的任何一家公司，那就意味着你在否定你自己；反之，如果你热爱你的这个"家"，你的"家"也会为了你的前途尽它所能，再给你找一更好的去处。

在你不满意的环境里工作，通常都不会获得成功。对于这个观点任何人都不会有异议。当你选择工作时，你实际上选择了公司的价值观，选择了一种人际关系方式和生活方式，也选择了自己要维护的一个"家"。在一个有着高工资、好名声、好环境的公司工作，固然很诱人，但如果你不能够爱上你所服务、你所工作的这家公司，那么，这个工作的种种迷人之处很快就会变得毫无意义。

因此，在我们每一名员工的职业生涯中，你所服务过的每一家公司都应该是你的一种荣耀，都应该将它看成是你的"家"。你应该为你的家做尽任何一件有益于它的事情，与它同甘共苦。当你的感情全部、毫无

保留、真心地浇注在它身上的时候，你就像钻开了取之不竭的能量之泉，你总会从你的家里得到任何一样你所追求的东西，当然，这其中肯定包括高薪。

关键二十三　把敬业变成一种习惯

敬业反映一种积极向上的人生态度，而兢兢业业做好本职工作是敬业精神中最基本的一条。有人说，伟大的科学发现和重要的岗位，容易调动敬业精神；而一些普普通通的工作，想敬业也敬不起来。事实并非如此。只要你有敬业精神，任何平凡的工作都可以干出成绩；只要你够敬业，在任何平凡的工作岗位都能获得高薪。

把敬业变成一种习惯

敬业不仅是个人生存和团队发展的需要，也是社会发展和经济进步的需要。任何人只要敬业，就可以在平凡的工作岗位上干得有声有色、轰轰烈烈，创造非凡的业绩，受到公司的表彰、社会的赞誉和人民的尊重。一个没有敬业精神的人，即使能力再强也不会受到人们的尊重；能力相对较弱但具有敬业精神的人，却能够找到发挥自己才能的舞台，并一步步实现自身的人生目标，最后有可能会成为广受人们尊重的人。

敬业是一种职业精神，一个人只有爱岗敬业，才能在职场中取得成功。

敬业是指从业者对自己所从事的职业的尊重和热爱。敬业反映一种崇高的职业精神和职业道德，是从业者希望通过自身的工作实践去追求人生价值。

敬业就是要尊重自己的工作，工作时要投入自己的全部身心，甚至把工作当成自己的私事，无论怎么付出都心甘情愿，并且能够善始善终。敬业的人容易受人尊重，就算工作绩效不怎么突出，别人也不会挑他的毛病，甚至还会受到他的影响。敬业的人易于受到提拔，老板都喜欢敬业的人，因为敬业的人能帮助他们减轻工作压力。

在一名卓越的员工看来，他们对待工作的观念就是敬业。敬业的员工不仅仅是为了对老板有个交代，更重要的一点，敬业是一种使命，是一个职业人应具备的职业道德。

众所周知，职业的定义即社会赋予个人的使命和责任。如果把它理解为一种崇高的精神境界，那么，对于敬业这个词的解释就更加容易了。敬业，顾名思义就是尊敬并重视自己的职业，把工作当成私事，对此付出全身心的努力，加上认真负责、一丝不苟的工作态度，即使付出再多的代价也心甘情愿，并能够克服各种困难做到善始善终。如果一个人能如此敬业，那么在他的工作中一定能够出现一股神秘的推动力，这支撑着他的，就叫做职业道德。从古至今，职业道德一直是人类工作的行为准则，在世界飞速发展的今天，更是得以发扬光大，并成为成就大事所不可缺少的重要条件。

在商品竞争如此激烈的现代社会，毫不夸张地说，一个公司的生死存亡，就取决于其员工的敬业程度。只有具备忠于职守的职业道德，才有可能为顾客提供卓越的服务，并能创造出卓越的产品。

玛利亚和安娜一同进入现在所供职的公司，所做的都是平面设计，她们两人之间的能力相差不多，只不过两人在工作时的表现有所出入。前者，只是在接到了上面所布置的任务将它完成，能通过便万事大吉。而后者呢？不但在接到上面所布置的工作任务时，尽量努力想办法将它做得更好，并且在手头上没有什么活儿的空闲时间，主动与一些有经验的老同事交流，并虚心请教，有的时候，在公司没有要求加班的时候，自己主动加班。

玛利亚看到这种情况，便劝安娜不要这样的卖命，还说什么只要把事情做得差不多就行了。安娜在听到这些话的时候，只是笑笑并没有作过多的解释，依然像以前一样工作。

转眼间一个月过去了。在这段时间内，安娜的能力提升很快，而玛利亚的水平却原地踏步不动。老板和她们商谈了一次薪水，安娜的薪水就比玛利亚高了很多。

敬业是卓越与平庸的分水岭，只有那些具有高度敬业精神的人才不会让自己流于平庸。敬业不仅要做好别人要求你做的，而且要能够超越对方的期望，不断追求卓越，用心把工作做得尽善尽美。

"飞人"乔丹是NBA的传奇人物。为了早日实现成为美国篮球史上最伟大球员的梦想，他刻苦训练，不管是带球过人、跳投、抢篮板球，还是扣篮，他都能够完成得十分漂亮。如果说他的身体素质无人能及的话，他的敬业精神更是让人敬佩。一次，他发着高烧，被肠炎折磨着，一整天滴水未进，但是他仍旧坚持参加了比赛，并在客场独得38分。终场时他已经筋疲力尽，倒在队友的怀里。所有看到这一幕的人，无不为之动容。

正是凭借这种高度的敬业精神，乔丹成为NBA赛场上的领导者，成为众多球迷心目中的"飞人"，他的场均得分纪录一直没有人能打破。敬业精神最终成就了乔丹，为自己的职业生涯增添了浓墨重彩的一笔。

篮球场上这样，职场上更是如此。只有敬业，才能让你在工作中出类拔萃，既能够提高自己的业务能力，为未来的发展铺平道路，又能够把现在的工作做得更好，赢得老板的青睐，得到更快的提升。这些都是你实实在在的财富，别人抢不去、拿不走。

可见，只有用心对待工作，具有敬业精神，你才能一步一步走向卓越。因为，用心你才会看到更多的细节，你才会产生无限的激情，用心工作你才能更加敬业。只有敬业，你才能对工作一丝不苟、善始善终，才能够赢得别人的认可，才能精益求精，不断追求卓越，也才能获得更高的薪水。

现实中，用人单位最看重的除了能力外，就是敬业精神。一个敬业的人十分难得，一个既敬业又有能力的人更是难求。敬业的人无论能力大小，老板都会给予重用，敬业的人走到哪里都有很多机遇；相反，如果缺乏敬业精神，能力再强，也往往被人拒之门外。

贝拉在一家酒店的更衣室工作，她的工作是保管顾客在就餐前存在

更衣室的外衣、围巾或是帽子之类的东西。

许多顾客都对她的工作方式表示惊讶，因为贝拉从来不像别的保管物件的侍者那样，发给顾客一个小小的号码牌。她不需要发牌子，因为她记得她服务的每一位客人。

由于酒店生意很好，贝拉经常要同时照看200多位客人的衣帽，当客人就餐完毕，走进更衣室领取衣帽时，她总是能准确无误地拿出那个人的衣帽，恭敬地还给他。假如有人曾经介绍过自己的姓名，她也能毫不犹豫地说出那个人的名字，而且，当她下次见到他时，她依然能轻松地叫出对方的名字，就像见到老朋友一样。

贝拉在更衣室工作了15年，没有一次失误。这真是一个了不起的纪录！假如按每天保存100顶帽子来计算，15年来经过贝拉保管的帽子约有54万顶——贝拉创造了一项奇迹。

还有一个例子。

一个刚从大学毕业的学生马丁，他在离开了校园后分配到了一个研究所，这个研究所的大部分人都具备硕士和博士学位，马丁感到压力很大。

经过一段时间的工作，马丁发现所里大部分人不敬业，对本职工作不认真，他们不是玩乐，就是搞自己的“第三产业”，把在所里上班当成混日子。

马丁反其道而行之，他一头扎进工作中，从早到晚埋头苦干业务，经常加班加点。马丁的业务水平提高很快，不久成了所里的“顶梁柱”，并逐渐受到所长的重用，时间一长，更让所长感到离开马丁就好像失去左膀右臂。不久，马丁便被提升为副所长，老所长年事已高，所长的位置也在等着他。

做事忠于职守、尽职尽责、认真负责、一丝不苟地培养个人严谨的工作作风，更能帮助我们提升自己的智能。它既能引领无名之辈向积极的方向前进，也能鼓励优秀的人才追求更高的境界。具有这种品格的人，往往表现在实际行动上：支持老板，为老板出谋划策。更可贵的是，敬业的人在公司处于危机的时候，能够和老板同舟共济、共渡难关。

相反，做事无法善始善终的人不会培养自己的个性，意志力非常薄弱，常常无法达到自己设定的目标。一边不思进取，一边为事业“忙碌”，他们自以为左右逢源，其实最终只是“竹篮打水一场空”。

每一名员工都应该要谨记：主动，就是随时准备把握机会，展现超乎老板要求的工作表现，以及拥有“为完成任务，有时不惜打破常规”的精神和判断力。

如果员工具有“敬业”的精神，不仅可以为公司和老板创造更大的价值，还会使自身受益。它是个人成功的基石，当这种精神变成一种习惯后，我们就会在自己的工作中体会到快乐，就能够轻松地赢得老板的青睐。“敬业”的人，无论走到哪儿，都能够获得别人的信任；无论处于何种逆境，都会获得成功。获得高薪自然也不在话下。

敬业让我们能更好地履行工作职责

某美国的伟大的职业成功学家、敬业精神的阐释者曾经说过这样一句话：敬业，就是尊敬、尊崇自己的职业。如果一个人以一种尊敬、虔诚的心对待职业，甚至对职业有一种敬畏的态度，他就已经具有了敬业精神……天职的观念使自己的职业具有了神圣感，也使自己的信仰与自己的工作联系在了一起。只有将自己的职业视为生命，才是真正地掌握了敬业的本质。

敬业就是敬重自己的工作，将工作当成自己的事，其具体表现为忠于职守、尽职尽责、认真负责、一丝不苟、善始善终等职业道德，其中糅合了一种使命感和道德责任感。这种道德感在当今社会得以发扬光大，使敬业精神成为最基本的做人之道，也是成就事业的重要条件。

任何一家想竞争取胜的公司必须设法使每个员工都能够做到敬业。没有敬业的员工就无法给顾客提供高质量的服务，就难以生产出高质量的产品。

敬业的员工最为老板所倚重，也最容易走向成功。如果你能力平平，敬业可以让你走向更好；如果你十分优秀，敬业会将你带向成功。如果

老板的周围缺乏实干敬业者，如果你具有强烈的敬业精神，那么，老板重用的、提拔的人一定是你。

我们在任何一家公司都不难发现一些投机倒把，躲避责任的人。这些不敬业的人始终逃不出失败的恶性循环。不敬业、不勤奋，就无法得到嘉奖和升迁，生活也会越来越艰难。如果你随波逐流，变本加厉地放纵自己，不敬业、不勤奋，最终你会因为生活的艰难而不得不趴下。

某著名企业家曾说："一般的职工，我仅要求他们工作 8 小时。也就是说，只要在上班时考虑工作就可以了。对他们来说，下班之后跨出公司大门，爱干什么就干什么。但是，如果一个员工只满足于这样的生活，思想上没有想干 12 个小时或者更长时间的念头，那么他这一辈子可能永远只是一名普通的员工。否则，他就应该自觉地在上班时尽职尽责地工作，在上班以外的时间多想想工作，多想想公司。"

面对同样的工作，有的员工做得多一些，有的员工则能偷懒就偷懒。这正是一个人人格的分水岭，一名敬业的员工他从来不会计较自己的工作时长，反映一种高尚的人格，但是敢于加大自己的工作量需要很大的勇气。遇事推诿，对公司的任何工作都想要逃避的人，是人格低俗的一种表现。

有 3 个人到一家建筑公司应聘，经过一轮又一轮的考试，最后他们从众多的求职者当中脱颖而出。公司的人力资源部经理对他们说了一句"恭喜你们"，然后将他们带到了一处工地。

工地上有 3 堆散落的红砖，乱七八糟地摆放着。人力资源部经理告诉他们，每人负责一堆，将红砖整齐地码成一个方垛，然后他在 3 个人疑惑的目光中离开了工地。甲对乙说："我们不是已经被录用了吗？为什么将我们带到这里？"乙对丙说："我可不是应聘这样的职位，经理是不是搞错了？"丙说："不要问为什么了，既然让我们做，我们就做吧。"然后带头干起来。甲和乙同时看了看丙，只好跟着干起来。还没完成一半，甲和乙明显放慢了速度，甲说："经理已经离开了，我们歇会儿吧。"乙跟着停下来，丙却一直保持着刚才的节奏。

人力资源部经理回来的时候，丙只有十几块砖就全部码齐了，而甲和乙只完成了 1/3 的工作量。经理对他们说："下班时间到了，下午接着干。”甲和乙如释重负地扔掉了手中的砖，而丙却坚持将最后的十几块砖码齐。

回到公司，人力资源部经理郑重地对他们说：“这次公司只聘任一位设计师，获得这一职位的是丙。甲和乙为什么落聘，你们想想在工地上的表现就知道答案了。作为最后一次考试的监考官，我在远处看得清清楚楚呢。”

什么是敬业？敬业就是在我们被聘请的那一刻开始，就将工作中所有的事情都丝毫没有怠慢地尽职尽责地完成。

无论你在工作中遇到怎样的问题，你都应该做好你的工作，因为这是你的责任，是你不可逃避的责任，只有你将你的责任做到了，你才能算得上是一个敬业的员工。

一个人没有敬业精神就不要奢谈什么成功。成功自然不是容易的事，但那些把敬业当成一种习惯的人更容易成功。敬业精神不是与生俱来的，对大多数人而言，敬业精神是需要培养和锻炼的，这种培养和锻炼的起点就是迈入职场的那一刻。从你的第一份工作开始，就对工作认真负责，总是能积极主动地工作，怀着高度负责的精神去完成任务。这样经过一段时间后，敬业便成了一种自然而然的习惯，即使换到其他职位上也会一如既往。

每一名员工都拥有敬业的精神，这是企业发展对于每一位企业员工的要求，也是每一位企业员工发展自身事业的需要。当人们在果园中漫步时，只要稍微对周围进行观察就不难发现：只要种植人员对哪一棵果树稍加用心，那一棵果树上的果实一定要比别的果树上的果实更为密集，而且树上的果子的味道也更加香甜可口。

为什么会这样？其实这个道理很简单，当你在种植或者浇灌这些果树的时候，当你持着一种敬业精神的情况下浇灌果树时的用心程度和你没有持有敬业精神的时候浇灌的用心程度是不一样的。当我们持有敬业精神在浇灌一棵果树的时候，我们更加注重浇灌中的细枝末节，更加用心地思考怎么浇灌它才能让它长得更好。一个用心种出来的果实必然会比不用心种出来的果实好吃得多。

当我们将敬业当做一种习惯时，在全身心投入工作的过程中就会感

到快乐。这种习惯或许不会有立竿见影的效果，但可以肯定的一点是，敬业的人比不敬业的人更容易成功。

如今享誉全球的微软公司在创业之初连一间正式的办公室都没有，微软公司的创始人比尔·盖茨每每想到此事都感慨万分。他说："在我最艰难的创业阶段，是我的秘书露宝为自己扫除了很多工作上的障碍，让我能够全身心地投入到这个行业。"

露宝是微软公司的创始人及总裁比尔·盖茨的第二任女秘书，在初到微软工作的时候，露宝已经42岁了，她接替的是一个刚刚大学毕业的年轻女孩，那个女孩因为不够敬业，刚到微软工作不久就被比尔·盖茨辞退了。

比尔·盖茨是一个充满激情与活力的人，这种性格使他在工作中常常表现为一个"工作狂人"，对于计算机事业的热爱和创业时的激情，使他在工作的时候经常废寝忘食，他几乎很少有休息时间。为了让自己的老板、年轻的比尔·盖茨以更饱满的精神和更充沛的精力投入到工作当中，露宝总是以一个成熟女性特有的缜密与周到，细心地照顾比尔·盖茨在办公室的起居饮食，这使得年轻的盖茨在工作之余充分感受到一种母性的关怀与温暖，从而使他能够更加专心致志地从事自己的事业。

在日常工作中，露宝也是一把好手，公司离机场只有几分钟路程，所以盖茨每次出差时，为了使工作尽可能地满负荷，他往往要在办公室处理事务到最后时刻才开始赶往机场，为了赶时间，他常超车甚至闯红灯。这样的事多了，露宝难免为他担心，便请求他每次多留出15分钟去机场，并且每次她都要加以督促。

露宝把微软看成一个大家庭，里里外外打理得井井有条。她对公司的每个员工、每项工作，都有一种很深的情感。很自然，她成了公司的后勤总管，负责发放工资、记账、接订单、采购、打印文件等。长期以来，露宝在工作上的出色表现赢得了比尔·盖茨的器重和微软所有员工的尊重。

后来，微软公司总部迁往西雅图，露宝因为丈夫有自己的事业不能跟随公司一起离开，于是盖茨便和其他公司高层联名替露宝写了一封推荐信，信中对她的工作能力给予很高的评价，希望她凭着这封推荐信能够重找一份好的工作。临别时盖茨还握住露宝的手说："微软公司留着空位置，随时欢迎你。"

3年以后，在比尔·盖茨的百般期待中，露宝说服丈夫举家迁到了西雅图，继续为微软的腾飞效力。随着微软事业的不断拓展，露宝的个人职业生涯也取得了巨大成功。

当我们在养成了敬业的习惯之后，或许不能立即为你带来可观的好处，但可以肯定的是，如果你养成了一种"不敬业"的不良习惯，你的成就就相当有限，你的那种散漫、马虎、不负责任的做事态度已深入你的意识与潜意识，做任何事都会"随便做一做"，结果不问也就可知了。如果到了中年还是如此，很容易就此蹉跎一生!

所以，"敬业"短期来看是为了雇主，长期来看是为了你自己! 此外，敬业的人还可能得到其他好处。

第一，容易受人尊重。就算工作绩效不怎么突出，但别人也不会去挑你的毛病，甚至还会受到你的影响呢!

第二，易于受到提拔，老板或主管都喜欢敬业的人，因为这样他们可以减轻压力，事情交给你做放心。你如此敬业，他们求之不得。

工作中每一次任务都是我们发展的机遇。工作是为了给公司创造利润，同时也是为自身求发展。敬业表面是为公司，实则是为自己。那些热爱工作，为公司尽职尽责的人是最幸运的，因为他们已经获得了生命最高的奖赏。

卓越的员工天生就有敬业精神，任何工作一接上手就废寝忘食。但有些人的敬业精神则需要培养和锻炼，如果你自认为敬业精神不够，那就应趁年轻的时候强迫自己敬业——以认真负责的态度做任何事! 经过一段时间后，当敬业就会变成一种习惯性的行为以后，敬业的精神能够更好地引领我们履行我们工作中的职责，也能够正确地为我们带来可观的薪水，并指引我们踏向成功之路。

关键二十四　让工作有序进行，不浪费公司的时间和资源

在时间管理问题上，那些能把一个小时看成60分钟的人，常常比看做一小时的人效率要高。为什么呢？原因很简单，因为前者将一个小时细分为很多分钟，每分钟都可能计划了要做的事情，前面的计划遇到困难，后面的时间可以再调整。花一分钟时间规划，可节省4分钟的执行时间。而一个不会计划时间的人，等于在计划失败。

让工作有序、有计划地进行

“时间管理”就如“团队合作”一样，是一个老生常谈的话题，但它对于一个人，尤其是职场上的人来说，的确十分重要。如果你还没有这样一个概念，不妨问问自己：是否已经有一套明确的现在要做什么、将要做什么、最终要做到什么合理的时间安排？对于下星期所想着手的工作是否已有清晰的概念？是否以事实之重要性而远非以其紧迫性作为编排行事优先次序的依据？是否把注意力集中于目标而非程序？是否以绩效而非以活动量作为自我考核的根据？

如果你的回答都是否定的，那么你就很有必要从现在开始学会科学地管理自己和自己的时间了。只有这样，在面对工作的挑战时，你才能有条不紊地做好手里的活，提高工作效率和自身的竞争力，为自己带来可观的薪水。

美国某企业家在为G公司销售油漆时，头一个月仅挣了160美元。他仔细分析了自己的销售图表，发现他的80%收益来自于20%的客户，但是他对所有的客户花费了同样的时间。于是，他要求把他最不活跃的80%的客户重新分派给其他销售员，而自己则把精力集中到最有希望的客户上。不久，他一个月就挣到了1000美元。这一原则使他最终成为了某著名油漆公司的主席。

讲这个故事，不是让我们放弃那些不活跃的客户——现在无法处理的事情，而是让我们明白，当你对待所有的事情都花费了同样时间和精力时，效率是低下的。因此，集中精力先解决重要的事情，有重点地处理问题，时间管理才会有效。

众所周知，人的时间和精力是有限的，如果不在你的记事本上制定一个顺序表，你会对突然涌来的大量事务手足无措。工作时，很多人都有过这样的经验，一会儿要复印，一会儿要接电话……既琐碎又浪费时间。

一天的事情有很多，有些是迫在眉睫的，而有一些是可以暂且缓缓的，也就是说事情有轻重缓急。每个人，都有自己的目标，有了目标，就会根据目标把一天中要做的事分出一个主次来，然后才能有条不紊地一件事一件事地做下去。

有一位公司经理去拜访卡耐基先生，看到卡耐基干净整洁的办公桌感到很惊讶，他问卡耐基说："卡耐基先生，你没处理的信件放在哪儿呢？"卡耐基说："我的信件都处理完了。""那你今天没干的事情又推给谁了呢？"这位经理紧接着问。"我所有的事情都处理完了。"卡耐基微笑着回答。

看到这位公司经理困惑的神态，卡耐基解释说："原因很简单，我知道我所需要处理的事情很多，但我的精力有限，一次只能处理一件事情，于是我就按照所要处理的事情的重要性，在我的记事本上列一个顺序表，然后就一件一件地处理。结果，我所有的事情都按着我的要求处理完了。"

很多事情都是说起来容易做起来难。难，并不是难在做的过程，而是很多人不知道从何处着手。因此，对于如何管理好时间，有序地安排我们的工作，下面我们介绍6种安排工作时间的方法。

1. 分清轻重缓急

要事第一，始终做最重要的事情。分清轻重缓急，设定先后顺序——时间管理的精髓即在于此。

根据 20/80 原则，成功人士都是以分清主次的办法来统筹时间，把 80%的时间用在最有效率的 20%上。面对每天大大小小、纷繁复杂的事情，如何分清主次，把时间用在最有效率的地方呢？

以下有 3 个判断标准。

(1) 我必须做什么？这有两层意思：是否必须做，是否必须由我做。非做不可，但并非一定要你亲自去做的事情，可以委派别人去做，自己只负责督促。

(2) 什么能给我最高回报？应该用 80%的时间做能带来最高回报的事情，而用 20%的时间做其他事情。

(3) 什么能给自己最大的满足感？最高回报的事情并非都能给自己最大的满足感，只有物质和精神的均衡才能和谐发展。因此，无论你有多忙，无论你的地位有多高，总需要抽出时间做令你满足和快乐的事情，唯有如此，工作才是有趣的，并易保持工作热情。

通过以上 3 个标准的排序，事情的轻重缓急就很清楚了。然后，以重要性优先排序并坚持按这个原则去做，你将会发现，再没有其他办法比按重要性办事更能有效利用时间了。

2. 制订计划，写成清单

好记性不如烂笔头，要相信笔记，养成“凡事做计划”的习惯。为实现自己的人生目标，制订详细的计划清单，包括短期和中长期的计划，事务要明确具体。

3. 今日事今日毕

人的惰性促使人总是爱拖延，凡事能拖就拖，一直拖到不能再拖为止。爱拖延的人总是常常觉得疲惫、心情不佳，因为应做而未做的工作不断给他压迫感。“若无闲事挂心头，便是人间好时节。”拖延者心里装着事，因而常感觉时间紧迫。拖延其实并不能为你省下时间和精力，刚好相反，它使你心力交瘁，疲于奔命。不仅于事无补，反而白白浪费了宝贵的时间。

制定每日的工作时间进度表，每天都有目标、有结果，日清日新。养成遇事马上做，今日事今日毕的好习惯，不仅可克服拖延，而且能占“笨鸟先飞”的先机。久而久之，必然培育出当机立断的大智大勇。

4. 第一次做好，次次做好

要100%认真地工作，全身心投入地工作。第一次没做好，同时也就浪费了做好事情的时间。

5. 专心致志，不要有头无尾

上班时浪费时间最多的是时断时续的工作方式。不只是停顿下来本身费时，而且重新工作时，还需花时间调整情绪、思路和状态。这样，才能在停顿的地方接下去干。而有头无尾，更是明显的浪费。

6. 养成整洁和有条理的习惯

据统计，一般公司职员每年因不整洁和无条理的陋习，就要损失近20%的工作时间。

养成凡事有条理的习惯，还有另一层意思，就是寻找自己的“生理节奏”。即要用精力最旺盛的时间来做最好的、最重大的事。而用精力相对不旺盛的时间来做较不重要的事情，这样才能体现真正的品质和高效，保持能量、节省体力、节约时间。每个人都有自己的生理节奏，符合它便事半功倍，否则必将事倍功半。

有这样一种对时间的比喻：时间像水珠，一颗颗水珠分散开来，可以蒸发，变成水雾飘走；集中起来，可以变成溪流、变成江河。而集中的方法之一就是用零碎的时间学习整块的东西，做到点滴积累、系统提高。获取高深的知识没有“捷径”，唯有靠平时一点一滴的积累才能达到质的飞跃。因此，要想成就一番事业，一定要学会利用时间。

节约时间等于节约资源

许多伟人之所以能流芳百世，原因之一就在于他们十分珍惜时间。在他们一生有限的时光里，他们充分利用每一分钟、每一秒，一步不停地工作，最终获得成功。

如果想成功，就必须重视时间的价值。

一个成功者往往非常珍惜自己的时间。无论是老板还是打工族，一个做事有计划的人总是能判断自己面对的顾客在生意上的价值，如果一直在说很多不必要的废话，他们都会想出一个收场的办法。同时，他们也绝对不会在别人的上班时间去和别人海阔天空地谈些与工作无关的话，因为这样做实际上是在妨碍别人的工作，浪费别人的生命。

对于公司也是同样的。当我们将我们的工作作出了细分，划清了主次，那么公司的效率也就自然而然地得到了提高，财富也就与日俱增。当我们在为公司缩短了单位时间，财富的创造量并没有变化，那么，也就是说我们为公司节约了更多时间的资源，让公司有更多的时间和精力去完成计划中的下一个目标。

其实我们每一个人对于节约时间就是节约资源这个概念非常清楚。我们知道，当一项工作它拖得越久，那么它所消耗的资源就越多，花费的资金也就越高。其实，在商场上我们常常能看到好多公司正是因为许多项目不能有序地按照原定计划完成，被无限期地拖延下去，后来导致了整个公司的破产。

任何一个工作，它最后的收益是一个结果，是那一瞬间，而它的整个过程都是用投资来填充的。当一个工作项目的时间被延长的时候，那么就意味着这个投资在不断加大。这个投资包括了很多，比如说人力、金钱、各方面的资源等。当有一天入不敷出的时候，那么，这个公司就离倒闭不远了。

虽然我们并不能说一个公司的倒闭的责任全在于员工们的工作无序。但是，如果每一位员工都有序地进行工作，那么我们同样的工作必然花的时间比无序的时候少，而达到的工作效果又是同样的，这样不就等同于为公司节约了资源吗？

看到这里，有可能很多人会很自豪地说：我的工作就是在有序地安排下完成的。如果是这样，那么在此要恭喜你，因为你学会了一项技能，一项能够延长你生命有效饱和度的技能。但是，这里还想追问一句，你是否将工作中的一些琐碎的时间也利用了起来，有效地运用于工作之中了呢？你是否有珍惜那些完成工作后，或者在工作中的一些零散的时间呢？

这个问题可能会问倒很多人。相信很多人工作中的很多琐碎的时间都被自己无意识地浪费掉了。每当很多员工抱怨着时间不够用的时候，我们是否有想过要将我们工作中琐碎的时间利用起来呢？

时间是个宝，只要你善于寻找，你就能找到它。在琐碎的时间里，人同样可以创造出非凡的成绩。因此，最大限度地利用自己的琐碎时间吧，时间长了你将发现自己的能力和水平提高了，本领增强了，而薪水也不知不觉增加了，这些就是善于利用琐碎时间的价值体现。

善于利用琐碎时间，主要表现在如下两个方面。

1. 有效利用业余时间。

余暇时间的价值是很高的，那么，我们应该怎样安排自己的余暇时间呢？

(1) 互补式。所谓工作与业余爱好互补，是因为一般来说，工作时间由于有若干限制而不能自由支配，而余暇时间自由度很大，完全可以凭自己的兴趣加以选择。

(2) 延伸式。即把工作时间延伸到余暇时间中去。上海有一位特级服装裁剪师，他的星期天喜欢在茶馆里度过。泡上一壶，品茗赏雅，见到客人中有新奇的服装样式，便随手勾摹几笔，定会计上心来，新装就自然而生。

(3) 结合式。即独乐和群乐结合，文化式与消遣式结合，兴趣与目标活动结合。曾有“操持闲暇”一说，它是指在闲暇时间倾听高尚的音乐和幽雅的诗词，以及从事学术研究和哲理幻想，人生就凭这些活动于闲暇之中的事情陶冶性情，增长学识。

2. 找到躲在角落里的时间

优秀的员工，一定是个会利用闲暇时光，善于利用一切零碎时间的员工。只有学会利用零碎时间，你才能抓住一切可能成功的机会。为什么这么说呢？

(1) 我们每天都有许多时间在等待中度过。等车、等人、排队缴费等，认真算起来，你会发现平均每天光是用在等待上的时间，就不下 30

分钟。而一般人以为那只是短暂的片段，于是每天把不少的片段时间白白地浪费了。

(2) 节省途中时间。这么多时间耗费在毫无意义的往返路途上，不如想想其他的方法。如果你有能力又出得起钱的话，为什么不把家搬到一个离公司较近的地方呢？或者有条件你也可以在离家不远的地方找一份工作。

(3) 充分利用睡前时间。如果你觉得自己缺乏思考问题的空闲时间，不妨试着坚持每天睡前挤出十几分钟的时间，一旦形成了习惯，就很容易长期坚持。

(4) 买下任何可以提高效率的工具。别心疼所花的一点儿小钱，如果每天省下一两分钟，每年就可节省好几小时。

(5) 从你的办公桌上找出隐藏的时间。我们的工作大体上从工作地点上可以分两类：一类是需要用办公桌来完成的工作，一类是无须办公桌就能完成的工作。需要办公桌完成的工作比较好理解，而哪些是不需要办公桌完成的呢？例如思考、规划、构想等，这些可以用大脑处理的一个大概轮廓的工作就是那些不需要办公桌完成的。不需要办公桌完成的工作我们可以在上下班路上，或者吃饭休息的闲暇时间处理掉。而对于那些需要在办公桌上完成的工作我们应该怎样来找出它隐藏的时间呢？这个方法就是，将你需要在办公桌上完成的工作都提前准备好，需要的资料、数据、设备、信息，都全部提前准备好。那么，当你坐在办公桌前开始工作时，那么你就能十分顺利地将工作完成。这样就节省了找资料、查数据等耗时的过程。

时间是有限的，每一个人拥有的时间都是有一定长度的，当我们学会了如何在工作中节约时间，那就是为公司节制了不必要的资源的浪费，为公司创造了更多的财富，而我们的薪水也会更加可观。

关键二十五　追求完美，公司需要的是结果

工作中，公司往往更加关心的事不是出现了什么问题，应当怎样去解决，它关注的只是问题有没有解决，有没有一个确定的结果。员工的工作过程在公司眼中被淡化不少，因为公司没有足够的时间关注工作过程中每一个细节变化。你给公司创造一个完美的结果远比告诉它这项任务很艰难更有说服力，更能满足他们的需要。

过程是自己的，结果是公司的

有重大成就的人，无论做什么事都会以较高的标准来要求自己，不断寻求增进效率的各种方法，争取以较少的付出获得较高的回报，以较少的精力做较多事情，他们追求结果的完美。事实证明，最大的成功都是保留给那些具有“我要尽我一切所能把工作做到更好”的态度的人。

从定义上来讲，什么是更好？更好只是我们一个理想的结果，更好是我们对自己的一次又一次的超越，更好是永远都没有尽头的，是永远都没有办法达到极致的，因为它没有一个绝对的尺度。但是尽管我们无法达到理想意义上的完美，或者说是绝对意义上的完美，但是让我们的工作达到一个相对意义上的更好就成了我们每一个员工应当抱有的工作目标。

很多人都会抱怨，当我们要求自己做得更好，将这次的任务做得要远超从前的目标的时候，那就意味着我们要投下更多的心力来实现它，

这让很多人的心里多多少少都会产生不同程度的不良情绪。但是，我们应该换个角度想，在公司对我们提出的要求不断地增加的时候，我们是否一无所获？

当我们在不断地追求工作的完美过程也是我们不断学习、不断成长的一个过程。追求完美是要靠自己去不断地思考、不断地发掘、不断地学习才能够达成的。而这个我们自己不断探索的过程恰恰就让我们的能力一点一点地得到了相应的提升。因此，我们可以说，追求完美的整个行动，它的过程是属于我们自己的，而结果，我们交给了公司。

一个年轻人，名牌大学毕业，专业能力也很强。一次，他的老板直接交给他一项任务，为一家知名企业做一个商业策划方案。

因为是老板亲自交代的，这个年轻人不敢怠慢，认认真真地做了半个月。半个月后，他拿着这个方案，走进了老板的办公室，恭恭敬敬地放在老板的桌子上。谁知，老板看都没看，只说了一句话："这是你能做的最好方案吗？"年轻人一怔，没敢回答，老板轻轻地把方案推给年轻人。年轻人什么也没说拿起方案，走回自己的办公室。

年轻人冥思苦想了好几天，修改后上交，老板还是那句话："这是你能做的最好的方案吗？"年轻人心中忐忑不安，不敢给予肯定的答复。这一次，没等老板说，他就拿回方案，去修改。

这样反复了四五次，最后一次的时候，年轻人信心百倍地说："是的。我认为这是最好的方案。"老板微笑着说："好，这个方案批准通过。"

年轻人不解，老板解释说："我相信这是你做的最好的解决方案，你要记住，我要的是最完美的结果。"

这以后他常常想起老板的话，在工作中他经常自问："这是我能做的最好的方案吗？""这是老板想要的结果吗？"然后再不断进行改善，不久他就成为了公司的业务精英。老板很信任他，后来这个年轻人成了部门主管，他领导的团队业绩在公司内也一直名列前茅。

其实，在公司的眼里结果远比工作过程更重要。工作中，公司看的是业绩，要的是结果。因此，作为一名优秀的员工应当认清自己的工作使命，做公司发展需要的事，把问题留给自己，把业绩留给公司。实际工作中能够意识到这一点的人其实很少，总是有一些认为自己“怀才不遇”的人，他们身上具备很多优秀的品质，他们也充满激情和梦想，可是他们总是做得不尽如人意，也得不到公司的赏识；相反，总有一些看似比他们平庸的人却获得了成功。原因何在？

实际上，这是因为这些优秀的人只关注“我做了什么”，而不关注“我做到了什么”，他们只懂得统计自己的工作量，而不知道上级和公司真正需要的结果是什么，那句“不在乎结果只享受过程”对于工作、老板来说是不适用的。理所当然，他们也无法取得让自己满意的薪水。

员工在工作中会面临很多要求，其中最基本的要求就是为公司提供需要的结果。公司安排你做一项工作，实际上是想要你提供这个工作的结果。但是很多人却陷入了一个心理陷阱：认为公司与员工之间，不是公司之间的那种讨价还价的交换，从而认为公司与自己之间不是商业交换，而是“一家人”。所以只要做事，尽力就算是有业绩了，至于是不是达到了公司想要的结果，那就不是自己所关心的了。

事实上，认为在工作中对任务负责，而不是对结果负责，这是对自己工作价值认识上的一个误区。要知道，虽然公司与员工不是在每一件事上都采取直接的讨价还价的关系，但员工应当清楚地知道，自己既然拿了公司给的薪水，就应当提供相应的价值。只有抱着这样的心态去理解自己的工作，才能解决好工作上的问题，完成自己的工作使命。

换一种想法，当我们在为公司取得成果的时候，我们并不是一点收获都没有，我们在接近的成果的一路上，收获了沿途的风景，得到了更多“行路”的经验，我们自身的能力在不断地提升。因此，不要计较工作的苦累。因为公司收获了结果，而我们收获了过程，我们达成了“双赢”。

让结果变得更为完美

水温升到99℃，还不是开水，其价值有限；若再添一把火，在99℃的基础上再升高1℃，就会使水沸腾，并产生大量水蒸气来开动机器，从

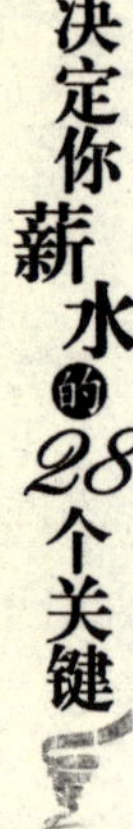

而获得巨大的经济效益。100件事情，如果99件事情做好了，一件事情未做好，而这一件事就有可能对某一单位、某一部门、某个人是百分之百的影响。

99℃的水我们能饮，100℃的水我们也能饮，但是区别在于什么？区别在于，100℃的水我们饮用起来更健康，而99℃这未开的水，可能存在着些什么细菌会伤害到我们的身体。

谢拉德是美国底特律中学的希腊语教员。他所拥有的财产足以使他可以不干任何事情而不必为生活发愁，他从事这一行只是因为喜欢。查里16岁投到他门下学习，并接受两年的教育，在工作中谢拉德是一个追求完美的人。他总是跟教育部门和其他教师过不去，因为他不肯妥协。在教育上，他有自己的理想和追求这些理想的方式。不管遇到多大困难，他也想走自己的路。

他最喜欢用的教学方式是使人丢脸、威吓，给人一个意想不到的难堪。然而，在学生受罚前，谢拉德会给学生一个充分的机会，去达到谢拉德的要求，但要100%的正确。倘若再犯错误，他就不客气了。

有一天，谢拉德严肃地注视了查里和他的同学们很长时间。然后，他用极温和的语调说："这么说，你们想学希腊语了？但是我希望你们知道你们面临的是什么。我有言在先：我可是一个不满足于一般好的人。我不喜欢好的学生，只喜欢最优秀的学生。"就这样，查里开始了一生中有决定意义的两年学习生活。有时，为了纠正一个重音上的错误，查里写满一黑板句子后，自己全部擦掉，再重写一遍，别人被迫写10遍的东西，查里却要写20遍，在回家路上，查里常常在许多包装纸上抄满希腊语句子！

谢拉德用蓝铅笔改正查里和他的同学们每天交上去的卷子，在出现严重错误的地方写上十分不客气的评语。他从不忽略一行。查里想象不出他是怎样做到这些的。然而，年复一年，他毫不犹豫地一直这样做。

当查里把作业做得无可挑剔的时候，谢拉德并没有表扬他，而是让他继续努力，争取有更好的表现。

学了希腊语后，查里决定学写作。在学希伯来语、阿拉伯语和社会学时，查里都努力用这种方法学，并严格按谢拉德的要求做事。

谢拉德离开校园后，查里就再也没有见过他。直到半个世纪过后，查里还是根据他的标准来要求自己、衡量别人，他说：“任何值得做的事，都值得做好；任何值得做好的事，都值得做得更加完美。”

现实中，想要做出一番成就的人很多，但愿意把每一件事做到更加完美的人很少。他们不缺少高瞻远瞩的志向，而是缺少一种精益求精的态度，也不缺少各类管理规章制度，缺少的是对自己的严格要求。事实证明，只有以追求完美的态度来对待每一件事，只有把所从事的事情尽可能地做到精益求精，才比较容易取得突破，赢得成功。

很多人会说，完美的事情是没有办法突破的，因为它已经是完美了，是极限了。真的是这样吗?

很多年前，在美国纽约的第五号大街有一家玩具商店，老板拉里恩出于一种“销售不如生产”的想法，就以自己的商店名称命名开办了一家小小的玩具娃娃公司，并给其生产的娃娃取了一个很可爱的名字：Bratz。

拉里恩的朋友们都说他简直是疯了，因为在玩具娃娃当中，已经有一个几乎“雄霸天下”的完美经典，那就是诞生于1959年的“芭比”！它以高贵和典雅著称，白皙无瑕的皮肤，雍容华贵的服装，在几代人的心目当中，“芭比”简直就像公主一般完美，你如何去和人们心中的经典竞争？拉里恩的朋友果然没有说错，他的Bratz娃娃一生产出来就被积压在仓库里无人问津，仅仅两个月后他就无奈地选择了暂时关闭工厂。

难道完美经典就真的无懈可击？拉里恩困惑极了。在一个周末的清晨，他独自一人拿起陈列在书房里的Bratz娃娃深思了起来。这时，他那只有7岁的孩子走了进来，在玩耍的时候，他的孩子不小心将几滴墨水溅到了Bratz的脸上，可让人意外的是，他的孩子开心地一把抱起Bratz走到镜子前哈哈地笑了起来。拉里恩奇怪极了，孩子平时并不喜欢这个陈列在家里的娃娃，可为什么它的脸上一有瑕疵，孩子反而喜欢它了？

“你不觉得它和我很像吗？看它那一脸的雀斑，真可爱!”他的孩子指着Bratz脸上的墨水污渍说。

“雀斑？”拉里恩细细看去，发现孩子说的确实很形象，娃娃脸上的墨水污点果真像极了孩子脸上的雀斑。拉里恩大胆地想：太完美的形象

是不是容易给人一种不真实的感觉，而瑕疵的出现却使这些娃娃们成了人们身边切实存在的朋友甚至是他们自己？拉里恩这样一想后，猛地一阵激动：这其中是不是暗示着某一条能够超越经典的途径？

不久后，拉里恩为自己的Bratz娃娃打造了一个共有5位成员的组合，拉里恩把它们全部一改模仿“芭比”的那种端庄、高贵的完美造型，它们肤色各异，来自不同种族，足蹬厚底靴，着装前卫，魅力四射。

最为主要的是，拉里恩有意识地在它们的脸上制造了一些雀斑，这些“瑕疵”让人们一看到就觉得耳目一新，这些娃娃推向市场后，相继被包括沃尔玛和玩具城在内的各大连锁百货公司看中并收入橱窗，其平民化的特点很快得到了消费者的普遍认同，在当年的圣诞节礼物销售市场中，Bratz娃娃就以让人难以想象的销量一举击败“芭比”，排名时装玩偶第一，受欢迎程度震惊了整个玩具业。

为了扩大品牌影响力，拉里恩接着又为Bratz娃娃加入了激光唱片播放机、电话和其他生活时尚产品，并授权开发了包括寝具、太阳镜、鞋和电子游戏等一系列Bratz品牌产品。仅用了两年时间，Bratz娃娃就成功打入了国际市场，彻底打破芭比“独揽天下”数十年的局面。

经过10年的发展，拉里恩用持续稳定的市场销量说明Bratz已经成为世界上最受欢迎的玩具娃娃之一，美国《时代》杂志这样评价说：“拉里恩创造了一个不可思议的奇迹——用瑕疵超越了完美的经典!”

完美没有什么绝对的概念，它是一个相对的程度。当一件事情你突破了别人创造的纪录的时候，我们可以说，你把这件事情做到了完美，当别人再一次突破你的纪录时，他就另外创造了一个完美。

任何一名追求卓越的员工心里面都不能藏有这样的想法，那就是：这件事情已经做到极致了，我无法再超越了。当我们怀有这样的想法的时候，我们的一生都注定不可能成功了。

我们每个人都可以把自己看成一个巨大的宝藏，我们的身体内有着无限的潜能，我们只要不断地挖掘自身的潜能，我们就能创造出完美。

多年来，我们研究了许多成功人士，看他们到底有哪些才干和专长，个性上有哪些特质，足以令他们脱颖而出。等你细看他们所具备的这些“特质”时，你会发现，原来你自己的身上也具备了许多成功者的素质!

只不过这些素质还在熟睡，没有充分地开发出来，埋没的优秀素质就像是混在沙里的金子。

我们要求自己追求完美并不需要有什么天赋，只需要我们在已有的基础上找出新的改进方法。任何事情的成功，都是因为能找出把事情做得更好的办法。

我们要追求完美就必然不能满足于身边已有的成果，努力探索那些尚未被我们所利用起来的多方面的信息、知识角落和大家忽视了的需求，从而为人们的实践活动拓宽领域、扩大已有的局面。没有对更为完美的需求的想法，没有勇于将想法实践的心思，那么我们的事业就只能停留在原有水平上，公司不会迈出前进的步伐，不能成长，必然陷入停滞甚至倒退的状态，那时候别说涨薪水了，还有没有薪水都难说了。

追求更为完美的成果就是要创造出更能符合公司成长、壮大需求的成果，追求完美过程就是在原有的一定的基础上不断地加深、丰富、拓宽。只要超出了以前的已有形式，那就满足了追求完美的这个要求。

让一个人、一个团队、一个公司凭空创造出一个完美的成果是很难的，但是，如果我们让他们站在有一定高度的基础上再去创造完美是不是会更加容易呢?

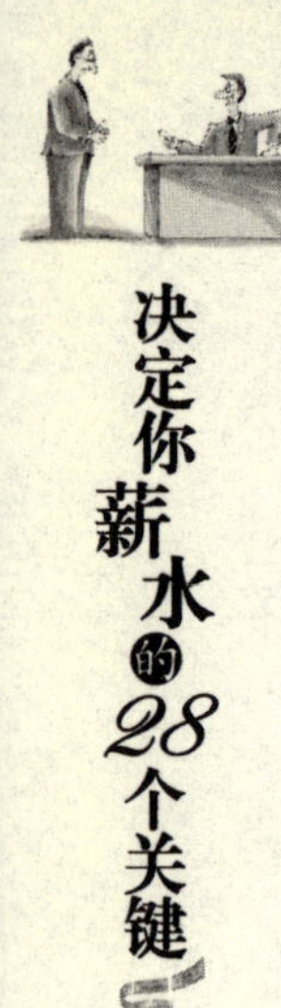

关键二十六　转换角度，试着像上级那样思考

一个身为公司的老板和上级领导的人，缺什么都不缺少员工对自己的抱怨和不理解。为什么会这样？因为员工对他们这样的人不理解。俗话说："不当家不知柴米贵。"同样的道理："不当老板，不知生意之难做。"作为职员，你有没有真正地想过"如果我是老板……"？当你有过这种换位思考的体验，你可能就会更好地理解你的老板了，你对工作的主动性、责任感和忠诚度也就增强了，何愁不加薪？

学会换位

职场中，很多人在任何一个公司都不受欢迎，甚至会被老板"请出去"。除了能力因素之外，还有一点非常重要，那就是他们没有站在公司的立场去思考一些问题，而是抱着"我只不过为公司工作"的想法，在工作中自以为是，只考虑自己的利益，不考虑公司的利益。

要明白，你既然进入了这个公司，为这个公司服务，那么你就是这个公司的一员。这种身份决定你必须时刻站在公司的角度去思考。试想，如果你是某个家庭的一员，你肯定会站在这个家庭的角度去思考，如果有人侵犯你的家庭，那么你肯定会誓死捍卫并且还击，可是如果有人侵犯你的公司，你是否会挺身而出呢？

身份决定立场，公司里卓越的员工，不只把自己当成一个打工者，而是把自己当老板，因此，任何时候都会站在公司的立场思考问题，为公司的发展贡献自己的力量。因为他知道，自己不仅在为公司工作，更是在为自己工作。

在IBM公司，每一个员工都要树立起一种态度——我就是公司的主人，并且对相互之间的问题和目标有所了解。员工会主动接触高级管理人员，与上级保持有效的沟通，对所从事的工作更是积极主动完成，并能保持高度的工作热情。

“如果我是老板会怎样”这种重要的工作态度，源于IBM创始人老托马斯·沃森的一次销售会议。那是一个寒风凛冽、阴雨连绵的下午。老沃森在会上先介绍了当时的销售情况，分析了市场面临的种种困难。会议一直持续到黄昏，气氛很沉闷，一直都是老沃森自己在说，其他人则显得烦躁不安。

面对这种情况，老沃森缄默了10秒，待大家突然发现这个十分安静的情形有点不对劲的时候，他在黑板上写了一个很大的“THINK”（思考），然后对大家说：“我们共同缺少的是——思考，对每一个问题的思考。别忘了，我们都是靠工作赚得薪水的，我们必须把公司的问题当成自己的问题来思考。”然后，他要求在场的人开动脑筋，每人提出一个建议。实在没有什么建议的，对别人提出的问题，加以归纳总结，阐述自己的看法与观点。否则，不得离开会场。

结果，这次会议取得了很大的成功，许多问题被提了出来，并找到了相应的解决办法。从此，“思考”便成了IBM公司员工的座右铭。

学会换位思考，我们就能理解别人的内心，也能理解别人的用心，那么我们做起事来负面情绪也会相应减少，我们的正面积极性也会因此而得到提高。

要学会换位思考，我们首先要站在上司的立场上去看待问题，只有站在别人的立场才能想别人所想。那么我们要怎么做才能让自己站在上司的立场呢？

1. 消除与上司的对立情绪

无论在哪个公司，其实不过只有两种人，一种是员工，另一种就是老板。这种身份的对立在很大程度上引发了其他方面的对立。比如，员

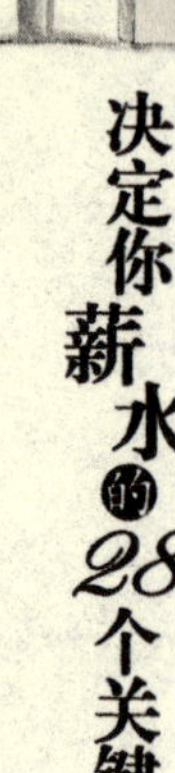

工常常会发出抱怨，抱怨在工作的过程中不是自己付出太多回报太少，就是觉得自己付出的是好心，但老板却觉得那是驴肝肺。员工眼中的老板不是不近人情的剥削者，就是眼里看到的只是金钱、凡事斤斤计较的吝啬鬼。

这种对立的情绪使得很多工作难以进行下去，或者说难以圆满地完成。那么如何解决这个问题呢？最好的办法就是消除或者减少与公司、老板的对立情绪，要知道你和老板应该是站在同一战线之上的。

2. 认清楚自己的身份

很多职场人士在抱怨自己的公司、老板的时候表现得很是狂妄自大，根本就不知道自己是谁，站在老板、公司的角度去换位思考的人更是寥寥无几。那么对于职场人士来说，公司意味着什么？老板又意味着什么呢？事实并不像人们所想象的那样，员工是老板的衣食父母，员工是公司的顶梁柱。正确的应该是换过来，公司才是员工的衣食父母。因为公司可以没有你这个员工，但是很多时候你却不能没有这个公司。

3. 不伤害自己的公司

有句话说得好："不要往自己喝水的井里吐痰!"但是在工作上，在对待公司的态度上，很多员工都在这么做：诽谤、伤害、诋毁，甚至是吃里爬外。或许这些员工早就不想在这个公司做了，或许他们只是为了私利，或许他们只是通过这种方式来表达自己的不满……无论哪一种理由，毫无疑问，如果不加以改善，最终吃亏的只能是他们自己。

以老板的心态去工作，就不能去伤害自己的公司、不能诋毁自己的工作，而应为自己能够成为这样一个公司的一员而感到光荣。对于优秀员工来说，这是一个最起码的要求，而对于普通员工来说，这似是一个很难迈过去的坎儿，这就是区别。

4. 将公司利益和自我利益挂钩

说起将公司的利益和自我利益挂钩，可能很多职场人都会觉得不以为然，凭什么公司的利益就能和自己的利益挂钩呢？

那么一系列的问题就出来了：

如果你想获得高薪，必要条件是什么？不是你的工作业绩，不是你的努力，而是公司有足够的能力来承担你的薪水。

如果你服务的公司陷于破产的境地，最大的受害者是谁？不是老板，不是客户，而是你自己。

如果老板想要提携一名员工，他会首先选择谁？不是表面上看起来兢兢业业而实际上敷衍了事的人，也不会是表面上不以为然而暗地里刻苦努力的人，而是那些时刻将公司利益和自我利益挂钩的人。因为只有最后一种人，才能时时刻刻站在公司的角度为公司考虑。

像老板一样思考

怎样才能像老板一样思考呢？简单地说就是将公司看成是自己的生命一般，将公司的利益和未来看成自己的利益和明天，像老板一样全心全意为公司的发展和壮大贡献自己的才智和心力。

要知道，公司是老板的，但同时也是你的。从你踏入公司的那一天起，你的前途与公司的命运就紧紧地连在了一起，公司兴你兴，公司衰你也衰，所以应该树立一种主人翁的心态，有老板一样的责任感，以繁荣公司为己任，不要诽谤它，更不要伤害它。

像老板那样思考自己的工作，就要像老板一样，把发展当成自己的事业，用自己的行动去履行自己对公司的忠诚和责任。在工作中，如果你对待工作能够像老板那样尽心尽力、尽职尽责，那你必定会成为公司最优秀的员工。

然而，作为一名员工普遍有这样一种思想，认为自己是打工者，因而只做与自己职责相关，并与所得薪水相称的工作。这样的想法使得你只盯着分内的事，不愿多做一点点，甚至连该做的工作都不努力去做，敷衍塞责。结果，若干年后，除了拿那点薪水，你毫无收获，仍然平庸。

如果你以老板的思考方式来对待自己的工作，那么，你就会从全局的高度来考虑自己的工作，确定本职工作在整个公司中的位置，进而找到做好它的最佳方法。以这种心态工作，你就不会拒绝上司派下的工作任务，反而会尽职尽责地把它做好。有了这样的想法和思考的方式，你

就会因工作做得出色而得到薪水和职务上的提升，成为优秀员工。

很多人无法用老板的思考方式来看待自己的工作原因一般有以下几个：

1. 认为老板和员工是对立的

老板和员工只不过是两种不同的社会角色，这两种角色是自愿选择的结果。看看那些富豪们的履历就知道，没有几个一生下来就注定会当老板的，他们大多数人都是从员工一路走过来的。当不当老板，能不能当老板，是性格、志向、理想、兴趣、勇气、机会等很多因素决定的。

从表面上来看，彼此之间存在着对立性，而事实上两者又是统一的。老板需要认同公司并有能力的员工，只有这样公司才能够获得发展；否则，老板的追求只能是“水中月”。员工只有信赖公司，才能发挥自己的才能，才能够获得物质报酬和工作上的成就；否则，员工就失去了生存的机会。

在一个正常的公司里，每个员工的升迁都离不开个人的努力，而老板认可和重用的人都是努力的人。聪明的老板会创造一个公平的竞争环境，而员工也会以自己的努力作为回报。所以，从真正意义上讲，老板与员工不是对立的，而是互惠互利的合作者。

2. 认为老板赚的钱是剥削员工得来的

有的员工会说：“世界上有善良无私的老板吗？”这里，我们想说的是，老板是企业家，不是慈善家。

老板是商人，商人“利”字当头。他只有创造出更多的利润，才能使公司得以发展壮大。有的员工之所以对老板十分苛求，主要是他们对老板有太高的期望，因而抱怨老板在利用自己，在剥削员工们的钱。这里，我们不妨换个角度思考一下，假如你成为一个老板，你能保证不会用同样的手段对待你的员工吗？

3. 认为自己不过是在为老板工作

很多人都说，“我不过是在为老板工作”。其实，你在为老板工作的同时，也在为你自己工作。因为工作，你不仅可以赚到养家糊口的薪水，还为自己累积了工作经验，工作带给你的远远超出了薪水代表的意义。总之，你所做的努力并不完全是为了老板，你终究是为了自己。

如果我们想要真正融入一家公司，想要真正在一家公司中施展自己的才华，那么我们就要撇开那些“你的，我的”这一类的想法。这样的想法无法让我们用心工作，它们只能成为我们工作中的绊脚石，会给我们的未来带来数不清的阻碍。

我们只有像老板那样，将公司看成是自己用心血一点一滴筑造起来的，只有将它视为自己一生所为之奋斗的事业，才能够真真正正全心全意地为公司的明天而努力工作。只有当我们像老板一样思考，我们才会将我们所学的所有的知识都毫无保留地运用于工作之中。只有当我们像老板一样思考，我们才能有机会在公司里得到更好更大的发展空间。只有当我们像老板一样思考，我们才能拿老板认为值得发给我们的薪水。只有这样我们才能成功。

有句话说得好：站在山顶，你看到的就是山顶的风景；站在山脚，你看到的就是山脚的风景。风景什么都没有变，而只是你的立足点不同了而已，看到的风景也就不一样。当你像老板一样思考时，你就成了一名老板。一个将公司视为己有并尽职尽责完成工作的人，终将会拥有自己的事业。

关键二十七　苦劳不如功劳，为公司多立功劳

“没有功劳，也有苦劳”是中国的一句古话，意思是说只要我们付出了劳苦，即便实现不了我们的目标也没有关系了。如果在今天这个社会，你还想要用这句话来安慰自己，那你就大错特错了，“没有功劳就是过”。没有功劳就等于是公司的资源全都浪费掉了，没有功劳那么你的努力就白费了，你对于公司就再也没有任何意义了。

将苦劳转化成功劳

有过求职面试经历的人都曾面对过这样的问题，“在上一份工作中，你曾有哪些突出业绩”，即使是刚刚走出校门第一次进行职业选择的毕业生，也被告知一定要拿出有足够说服力的经历或能力表明自己能够胜任这份工作，那什么是有足够说服力的能力呢？什么是业绩？说到底，还是你曾经为公司立下的功劳。对于已经步入社会的人来说，功劳就是你工作上曾经取得的成绩，是能够表明你胜任岗位职责的事情。比如，你做销售人员，在2009年第一季度完成了30000元的销售任务，这30000元就是你为公司立下的功劳。对于刚毕业的学生来说，功劳就是你在学生时代有过的与应聘工作要求相关的经验或经历。比如，应聘媒体记者，你曾在某报某电视台兼职或者实习，其间做了哪些栏目，报道了什么新闻事件，产生了哪些影响，这就是你作为应届毕业生应聘记者最好的功

劳的证明。对于职场中人来说，功劳是衡量你能力的标杆，也是晋级升职的标准，更是个人薪水高低的重要依据，甚至，因为功劳突出，老板的笑脸只对你一个人绽放。原因何在?

功劳就是公司的一切，是公司活着，成功地屹立于商海的本钱!

我们的成绩只能通过功劳来展示在大家的眼前，而苦劳只能是对于我们个人而言的。因此，再也不要讲“没有功劳，也有苦劳”这样的话了，这样的话只是在安慰自己。

老陈一直是一名普通的财务人员，经过数十年的努力，终于坐上单位财务部门总监的位子，享受着优厚的薪水和福利待遇。在单位，老陈属于老员工了，论资历几乎没人能和他相比，这也养成了他自以为是、目中无人的习惯。

后来，随着单位发展步伐的加快，单位陆陆续续招进一批新人，财务部也招进一个名牌财经大学的毕业生。为了让新员工尽快适应工作岗位，领导要求老员工要尽量帮助新人。老陈身为老员工，又是财务部的负责人，在新人到来的时候，口口声声说要多帮助这位新来的员工。

不过，老陈很快就感到一种压力，因为这个新员工工作能力极强，除了懂财务、营销、外语和电脑，还曾经获得全国珠算大赛的大奖，可谓是才华横溢。两人对比之下，老陈除了资历以外，基本上没有什么能够与这位新员工相比的。有时候自己还得向这位新员工请教一些问题，就别提帮助人家了。

经过暗中观察，老陈发现这名新员工年纪轻轻，但是性格柔弱内向，一番琢磨后，老陈对她制定了“全面遏制”政策：处处为她设置障碍，尽量不让她接触核心业务，甚至连电脑也不让她碰，美其名曰“专人专用”。

但那些障碍丝毫没有难倒这位新员工，一支笔、一把算盘，把经她之手的账目做得漂漂亮亮、无可挑剔。几年过去了，这位新员工都忍辱负重，在工作上一丝不苟，精益求精，业绩想抹杀都抹杀不了。

而老陈自己做的一些项目却频频出错。一次，他做的一个重大项目的账目被税务局指责不规范，面临处罚。单位新领导忍无可忍，便给老陈施加压力，让新员工参与全面的“纠错”。不久后，公司领导又毅然决

定，由新员工担任公司财务总监，老陈负责内务，这也就意味着他处在下岗边缘。

海尔集团有这样五项管理法则：总账不漏项、事事有人管、人人都有事、管事凭效率、管人凭考核。“管事凭效率”就体现了肯定功劳，不认苦劳，更不认疲劳。海尔要求全体员工每天必须进步一点点。在行业竞争策略上要求一定要比对方快一步，如不能快一步，快半步也行，员工每天必须有进步。只有承认功劳才会有进步，承认苦劳的后果只能是退步。

在海尔，“无功便是过”。海尔有一个定额淘汰制度，就是在一定的时间和范围内，必须有百分之几的人员被淘汰。这在某种意义上来说比较残酷，但对企业长远发展还是有好处的。企业的各项工作必须追求效果，没有效果的工作至少是对人力和时间的浪费，当然还可能有资金和其他的浪费。没有效果的苦劳，对于企业又有什么益处呢？

功劳对公司更具吸引力

现代企业中，老板可能会欣赏你的性格、能力、水平，但最终还是得靠你的工作结果和成绩说话的。因为对于公司而言，你的工作结果对一个公司更具有吸引力。

一个优秀的员工不在于他表面上看起来多么精明能干，不在于他解决了多少问题，也不在于他说多少豪言壮语，关键在于他工作的成就和结果能否让老板拍案叫绝。

在一个企业中，成绩是考核员工的唯一标准。唯有成绩才能体现一个员工的价值。聪明的员工，从来不会夸夸其谈，也不会怨天尤人，遇到问题，他们懂得用结果证明自己。

可见，要获得晋升，获得他人的认可，最好的办法就是用结果说话。所有的老板都喜欢听到“放心，交给我了”之类的话，但更喜欢听到“任务已经圆满完成”。因为只有真正彻底解决问题才是关键，解决了问题就是执行有力，就是取得了成果。

阿诺德和布鲁诺同时受雇于一家店铺，拿着同样的薪水。可是一段时间以后，阿诺德多次加薪，而布鲁诺却仍在原地踏步。

布鲁诺很不满意老板的不公正待遇。终于有一天，他到老板那儿发牢骚。老板一边耐心地听着他的抱怨，一边在心里盘算着怎样向他解释清楚他和阿诺德之间的差别。

“布鲁诺，”老板说话了，“您去集市一趟，看看今天早上有什么卖的东西。”

布鲁诺从集市上回来向老板汇报说，今早集市上只有一个农民拉了一车土豆在卖。

“有多少？”老板问。

布鲁诺赶快戴上帽子又跑到集市上，然后回来告诉老板说一共有40袋土豆。

“价格是多少？”

布鲁诺第三次跑到集市上问来了价格。

“好吧，”老板对他说，“现在请你坐在椅子上别说话，看看别人怎么说。”然后老板把阿诺德叫来，同样让他去集市看看在卖什么东西。

阿诺德很快就从集市上回来了，向老板汇报说：“到现在为止，只有一个农民在卖土豆，一共40袋，价格比较实惠，土豆质量也很不错，我带了一个回来，让您看看。这个农民一个钟头以后还会运来几箱西红柿，价格也非常公道。昨天他们铺子的西红柿卖得很快，库存已经不多了。我想这么便宜的西红柿老板肯定会要进一些的，所以我不仅带回了一个西红柿做样品，而且把那个农民也带来了，他现在正在外面等回话呢。”

此时，老板转向布鲁诺，说：“现在你知道为什么阿诺德的薪水比你高了吧？我们注重的是对店铺的贡献程度，一分耕耘一分收获。”

由此我们可以看出，对于一个公司而言，没有什么会比一个员工给公司带来的功劳更重要的。只要你能为公司带来巨大的利益，为公司建立功劳，那么公司就能够为你“不拘一格降人才”。相反的，倘若你已经不能再为公司创造财富和价值，那么，好点的，公司将会把你从重要的

岗位安排到相对不重要的岗位上，严格点的，就会将你从公司除名。

因此，心里要时刻谨记为公司建立功劳，不要只会一味地苦干，对于你的苦劳，公司虽然看在眼里，但是，如果没有成绩，那么对于公司就毫无意义。

关键二十八　不过分计较薪水，多为公司做一点

一个成功的推销员曾用一句话总结他的经验："你要想比别人优秀，就必须坚持每天比别人多访问5个客户，坚持比别人多做一点点。"比别人多做一点，并不是为了能够领到多别人几分的薪水，而是意味着比别人更愿意多承担一份责任，这也就让你多了一份收获。而对一名普通员工来说，"比别人多做一点点"的工作态度能使你从竞争中脱颖而出，成为职场中的佼佼者。

工作，并不只是为了薪水

有一句话说得好："工作的报酬除了金钱之外，还有工作本身。"薪酬是人们在工作过程中获得的一种最直接的回报，然而这却不是人们从工作中获得的全部收获。虽然人们通过自己的努力工作获得一定的奖金和薪水，这是一个很重要的工作目的，但是如果人们仅仅为了奖金和薪水而工作，那人们最终在职业发展道路上将可能失去更多。

一位成功人士说过："世界上80%的喜剧跟钱没有关系，但是80%的悲剧都跟钱有关系；一个人的快乐不是因为拥有得多，而是计较得少。亿万富翁也有不快乐的时候，乞丐也有快乐的时光。"一个人生活得是否快乐幸福跟钱的多少没有必然关系，所以永远不要把赚钱作为人生第一目标。

在很多人的心目中，衡量一个工作是否还值得他们干下去的唯一标准就是公司发放给他们多少薪水。他们认为，公司如果发放给他们的薪水多，那么这个工作他们就可以继续干下去，如果公司发给他们的薪水少，那么公司的工作对他们而言就没有什么意义了。如果用薪水来衡量一件工作是否值得我们做下去，那么你就大错特错了，而且你的一生可能还将因为这个错误而错过更多的成功的机会。

其实，人生的追求可以有很多选择，而薪水只是在我们追求自身心灵满足后的一个附加的收获而已。就好比是一个在做自己认为最值得做的事情的人不一定是最能赚钱的人，能赚钱的人也不一定觉得自己正在从事的工作就那么值得去做。总之，不要把薪水当成你工作的唯一目标。

阿里巴巴的总裁马云就是这样一个不把钱看成是工作唯一目标的人。

马云接受著名主持人杨澜的采访。

杨澜：一开始当你决定要辞去一份收入虽然不高但是很稳定的大学老师的工作，开始创办中国黄页时，你觉得是一个什么样的想法？我仍然不能够完全接受你所说的只是为了多一点社会实践。

马云：很多人不能接受，但是我事实上是这样。怎么说？我是20世纪60年代末出生的人，理想主义者，在学校里教书，天天给学生讲这些东西，我觉得我还很单纯、幼稚。尤其到现在，我越来越明确一点：人生是一个过程，它不是一个目的，所以你经历过多少，犯过多少的错误，这才是最宝贵的。

杨澜：但是这让你听起来像个圣人。你真是这样想的？你真不是为钱？

马云：我马云比其他大部分CEO要坚强的是，我不为钱干，永远不把赚钱作为公司的第一目标。你说到这个就要做到。最后你反过来看自己赚了很多钱，这是个结果，它不是我追求的目标。因为我自己坚信，如果一个人脑子里就想赚钱的话，他脑子里想的是钱，眼睛里是人民币、港币，讲话全是美元，没人愿意跟你这样的人做生意的。

马云曾经说过：你不管做任何事儿，脑子里都不能有功利心。如果一个人脑子里想着人民币，眼睛看到的是美元，嘴巴吐出来的是英镑，那这样的人是永远不会真正地把客户的需求放在第一位的。

这句话适用于我们每一名在公司里工作的员工。如果我们的心里想的全是薪水，全是钱，那么我们哪还能将心放在工作上，哪还能体会到工作带给我们的乐趣？如果我们把心思全放在薪水上，我们工作中的每一分、每一秒全都被我们花在了分分角角的计算上了。这不是一名员工应该做的。

不可否认，谁都要生活，谁都要计较薪水的高低，因为薪水的高低直接涉及自己生活的质量。但是，同样的，我们作为一个社会人，每个人都需要工作。工作给予我们的回报绝不仅仅是升迁与加薪，就如同体育比赛的目标不只是金牌与奖金一样，它更多的意义是在于：你是否从中得到了锻炼、乐趣与享受，是否在与人交往中感受到了快乐，是否给自己创造了更多的机会？

只看重薪水的员工是目光短浅的，他们认为自己是在为别人工作，那他们就永远只能为别人工作。而那些认为是在为自己工作的人，终将会有一番自己的事业的。如果单纯只是为着薪水而工作，那么将来就有可能会为短浅的眼光付出代价，因为人的价值会随着时间的流逝渐渐丧失，在不远的将来还会连这个工作也丢掉的。

事业上的成功者，往往并不是那些只为薪水而工作的人，而是那些有高尚目标的人。这也就是说工作所带给我们的，要远比薪水带给我们的多得多。如果我们将工作视为一种积极地学习经验的机会，那么每一项工作中都包含着许多个人成长的机会。

美国通用公司是全球最大的公司之一，这家公司每年春季都会从刚毕业的大学生中招聘一批人才。在最初进入通用公司时，新招聘来的大学生，无论所毕业的学校有着怎样的名气，也无论这些学生在各自学校中的表现有多么出色，只要一踏入通用公司的大门，所有的新人所接受的薪酬待遇都一样，没有任何差别。通用公司会给所有的新人两到三年的试用期，如此长的试用期，一方面是公司想要更全面地考察新人的能力和素质，一方面公司希望每一位新员工都能更充分地了解通用的企业文化、发展远景，以及通用的工作方式，等等。

在试用期之内，无论新进入公司的员工在工作中的表现如何，只要不犯太大的错误，或者没有表现出特别卓越的才能，通常通用公司都不

会对他们的薪酬进行较大的调整。

在这样的企业制度下，一些刚刚进入通用公司的年轻人会认为，既然在工作中努力与否、能力是强是弱，得到的薪酬都是相同的，那么与其辛辛苦苦地努力工作，还不如让自己轻轻松松地享受生活。带着这样的想法，这些年轻人在工作过程中敷衍了事、拖延塞责，渐渐忘记了自己的职责和理想，他们一边优哉游哉、心安理得地拿着公司给予的薪酬，一边用充满嘲笑的目光看那些在工作中努力奋斗的其他同事，他们不理解，为什么另外一些同事不懂得享受轻闲，而宁愿整日辛辛苦苦。直到两三年的试用期结束之后，他们才意识到自己此前的眼光多么短浅，曾经的做法对自己未来的事业发展造成了多大的伤害。

在长达两到三年的试用期之内，每一位新进员工的一切工作情况和他们在工作中的所有表现都会被各自的部门主管进行详细记录，这些记录会由通用公司的人力资源部门去一一评定。在试用期结束之后，人力资源部门会根据每位员工在试用期内的表现来进行科学评定。依照评定内容，人力资源部门往往会结合每位员工的能力、素质等综合技能的表现，对每一位员工进行相应的职位安排。在以后的工作过程中，人力资源部门还会根据员工们在各自职位上的不同表现，定期地进行人事调整。人力资源部门对同时进入公司的每一位员工进行的职位安排会有很大差别，比如，那些在试用期内兢兢业业、努力做好本职工作，并表现出卓越潜能的员工往往会被交付比较重要的职务；而那些能力水平一般、工作态度不太积极的员工则会被安排到无足轻重的岗位；另外一些经常敷衍工作，在试用期之内不但表现不出卓越能力，而且还显示出恶劣品质的员工，则会被人力资源部门认为不够合格，所以他们很可能会被继续试用察看，或者公司会干脆与他们解除契约。

试用期结束之后，先前在工作岗位上有着不同表现的员工被分派的任务都各不相同，这往往意味着公司给予他们的发展空间和成长机会是各不相同的。虽然，所有的新员工在最初进入通用公司时起薪都一样，但是当试用期结束之后面对的工作任务不同，他们在公司内部享受的待遇是有着明显区别的，更何况，如果长期被公司置于一个无足轻重的地位，那么这样的员工根本就无法进一步挖掘和提升自身潜能。真可谓一步错，步步错，一时的目光短浅，往往会使那些过去仅仅为奖金和薪水工作的员工失去更多难以挽回的东西。

所以，在工作中，作为员工，我们必须尽职尽责，这样做的原因不是金钱，也不是别人的监督，而应当是我们强烈的责任心。在强烈责任心的督促下，无论薪酬多少，无论在短期内能否得到职位上的提升，总有一些企业员工会兢兢业业、努力奋斗，正因为有了这些员工的努力推动，所以企业才能在激烈的市场竞争中拥有一席之地，而这些员工也能够通过企业的长足发展实现自身事业的不断拓展。

薪水仅仅是工作的一种物质补偿，然而工作带给我们的则不仅仅是薪水，还有经历、经验与朋友，这些都是金钱无法买到的。单纯为薪水而工作并不是明智的选择，除非你是迫不得已，否则受害最深的往往是自已，因为在追逐薪水的过程中，我们会轻易地迷失自己的本性与最终的人生理想。

如果一个人工作只是为金钱，他就会成为金钱的奴隶。不要只为薪水而工作，对一个优秀卓越的员工来说，一定要认识和做到这一点，否则的话，就会因为将眼睛紧盯着工资而封闭了自己的视野，就会在无形中将自己困在只装着少许工资的信封里，从而将人生最有价值的东西丢失了。

为公司多做一点

在日本佳能公司的《员工培训手册》上明确提出了这样一条要求："提前做好分内工作，时刻准备做好分外工作。"可见能够毫不抱怨地完成分外工作已经成为对员工的基本要求。

但在现代的职场中，许多人至今还没有发现这一点，依旧是我行我素，不说是分外工作，连分内工作都是马马虎虎，而这样的人肯定不能成为公司重要人物。相反，每天都能够在完成自己工作的基础上，还帮助他人的"愚蠢"的人反而能够加薪升职。

有一个公司的营销部经理带领一支队伍参加某国际产品展示会。

在开展之前，有很多工作要去做，包括展位设计和布置，展示样品组装，资料整理和分装等。因为时间紧急，需要加班加点。可营销部经理带去的那些工作人员中的大多数人，却和平日在公司时一样，不肯多干一分钟，一到下班时间，就溜回宾馆或者逛大街去了。

在开展的前一天晚上，公司老板亲自来到展场，检查展场的准备情况。

到达展场时已经是晚上12点了，让老板感动的是，营销部经理和一个安装工人正挥汗如雨地趴在地上，认真地擦着装修时粘在地板上的涂料，而其他人一个也看不到。见到老板，营销部经理站起来对老板说："我失职了，我没有能够让所有人都来参加工作。"老板拍拍他的肩膀，并没有责怪他，而指着那个工人问："他是在你的要求下才留下来工作的吗?"

经理说，这个工人是主动留下来工作的，在他留下来时，其他人还一个劲地嘲笑他是傻瓜。

老板听完叙述，并没有说什么，只是招呼他的秘书和其他几名随行人员加入到工作中。

展会结束后，一回到公司，老板就开除了那天晚上没有参与布置展场的所有工作人员，同时，将与营销部经理一同打扫卫生的那名普通工人提拔为安装分厂的厂长。

被人雇用，给人打工，是一种商业行为，付出一分劳动，获取一分报酬，在每天的8个小时工作时间之外，就没有义务再工作了。在职场中，很多人就是用这个原则来诠释自己的行为的。

优秀员工绝不会时时刻刻在脑子里计算自己的工资、自己的工作时间或加班了有没有加班费。主动承担责任，不声不响地承担工作，是他们与生俱来的好品质。

有一位年轻的女孩受聘于一家外资企业，但是职位只是一名普通的办公室文员。她每天的工作内容就是拆阅、分发大量的公司信件，工作内容有些单调，而且工资也不高。但是这位女孩却并没有因为工作单调而不思进取，她不但把本职工作做得无可挑剔，而且每天晚饭后都要继续回到办公室里工作，不计报酬地干那些并非自己职责内的事，诸如替自己的上司整理文件等。

她的上司是在公司担任办公室主任的，每天都需要处理许多事情，所以他需要掌握足够多的信息资料。为了把那些上司需要的文件整理好，她尽可能地充分想到上司需要的最新资料和信息，而且还会站在上司的立场认真考虑每一件工作的处理方式。就这样过了几年时间，她一直坚持着这样做事，并不在意上司有没有注意到自己的努力。

终于有一天，上司的秘书因故辞职了，于是在挑选合适的继任者时，上司很自然地想到了这个女孩，因为她在没有得到这个职位之前就一直在做这份工作了。下班时间早过了，这个女孩依然像以前一样坚守在自己的岗位上，在得不到任何报酬、承诺的情况下仍然努力工作。后来在上司升任为总公司行政部长的时候，她又理所当然地得到了办公室主任的职位。

但是故事并没有就这样结束，这位年轻女孩才能如此突出，引起了更多人的注意，很多公司纷纷为她提供更好的职位诚邀她加盟。为了挽留她，公司多次为她加薪，与最初做一名普通办公室文员时相比已经增加了十几倍。为此，老板并不感到自己付出的薪水太高，因为这个女孩总是让别人感到她无比重要，她总是能够站在老板的立场上思考许多问题，而且随着时间的推移，她变得越来越重要，把自己变成了一个不可替代的角色，她在工作中创造的价值绝对值得老板给予她这样优厚的待遇。

工作对每个人都是公平的。当你身处公司，但是学不会比别人多做一点事情，不去主动为公司多解决问题，多处理问题时，就会放任大把的机遇白白流失，让自己很难抓住稍纵即逝的时机而无法实现自己的梦想了。因此，在漫长的人生道路上，我们无论在什么时候，都不应该为了偷懒而放弃为公司多做一点的机会。如果我们怠于行动，仅仅只是做完应该做的工作，我们不仅会被公司慢慢地遗忘，也将会在将来因为自己为了追求短暂的清闲而错失了成功的机会而后悔！

为公司多做一点的思想对于一个优秀的员工而言是必不可少的。当机遇来临时，只有那些愿意多做的人，才能把握住机会笑到最后。

小李刚上班的时候感觉很清闲，一般都是总监吩咐自己做什么才去做，几乎没有什么事情可做，整天在办公室里上网、聊天。看着市场部的同事忙得不可开交时，小李很想帮他们分担一些。由于时间的关系，小李对于办公室里的工作程序及操作流程并不熟悉，很多东西都不会，就连发传真她都不会，更不用说其他的事。

日子长了，小李觉得这样下去毫无收获。于是，她决定改变自己，积极主动地寻找事情做。每次上班的时候，她都主动问总监有什么事情可以帮忙的，如果总监说没有，她就会主动提出帮总监整理文件。如果有的话，她就会按照总监的吩咐，把事情做好。有时她还会主动向同事请教如何使用传真机、如何用专门的数据库统计数据、如何在电脑上制作表格及绘图等。就这样，小李很快对公司的整体运作情况有了一定的了解，同时也学到了不少操作上的知识。

通过一段时间的经历，小李领悟到，无论做什么事情，一定要积极主动，才有机会取得成功。

对于一个公司而言，一个听话的员工容易找，但是，一个会自己要求自己，自己给自己主动找活干的员工却不多。“物以稀为贵”，这种能够自觉工作，不懒惰的员工对于任何一家公司而言都是福音。因此，当你也成了公司的福音时，那你离成功的道路还远吗？

当我们下定决心要为公司多做一点后，还应该让自己再下另一个决心，那就是将前一个决心坚持到底，让它贯彻到我们整个工作历程当中去。能够在工作中多做一点的人，在现实生活中并不少，但是大部分的人只是兴之所至而已，真正成功的人需要的是持之以恒，每一天都多做一点。试想，如果你每一天都持之以恒地多做一点，那么将会有怎样的情况发生呢？所以，优秀的员工想要成为公司的重要人物的话，只是凭借一时兴起而多做一点工作的话是完全不够的，而是要每一天都努力多做一点，以愚公移山的精神来时刻鞭策自己。

每天都积极主动地多做一点，你就会发现自己真正的能力，发掘自己未发掘的潜力，增加你的综合竞争力，并且为你的升职加薪提供更好的“借口”。

成功者与失败者的差距，实际上可能并不像大多数人想象的那样是一道巨大的鸿沟横亘，也许成功者与失败者的差距仅仅在一些小小的事情上：每天比他人多做一点点，每天多花五分钟的时间查阅资料，多打一个电话，多想想工作，在适当的时候多一个表示，多作一些研究，或者在实验室中多实验一次……

所以，优秀的员工们，每天让你自己做一些工作吧，这样成功在不远的将来必将是属于你的。